ALPHONSE LAGUESSE

# PROMENADES

## BOTANIQUES

**Première Série.**

1877

DIJON

MANIÈRE-LOQUIN, ÉDITEUR

Place d'Armes.

# PROMENADES

## BOTANIQUES

# PROMENADES

## BOTANIQUES

PAR

## A. LAGUESSE

DOCTEUR EN MÉDECINE, DIRECTEUR DU JARDIN BOTANIQUE DE LA VILLE
DE DIJON, ETC.

**Première Série.**

DIJON

MANIÈRE-LOQUIN, ÉDITEUR

Place d'Armes.

1877

# AU LECTEUR

———

Le public a accueilli avec une faveur inespérée ces modestes causeries botaniques, publiées chaque semaine dans le *Bien public* de Dijon ; à ce bienveillant accueil, l'obligeant directeur du journal a répondu par l'offre gracieuse d'un tirage à part, que l'auteur s'est empressé d'accepter, et dont il lui témoigne publiquement sa gratitude.

Telle est l'origine de ce petit livre, qui se présente au public, modeste d'allures, avec la seule prétention qu'il puisse afficher, celle d'initier les jeunes gens, pour ainsi dire sans travail et sans efforts, aux notions élémentaires d'une science dont les livres classiques ont fait un épouvantail.

Dans tous les temps, *savoir* fut un besoin impérieux de l'esprit humain : aujourd'hui ce besoin est devenu une nécessité ; la science n'est plus un luxe, elle est un bagage indispensable pour quiconque aborde le chemin de la vie. Les connaissances humaines sont si vastes, que nul ne peut se flatter de pouvoir se les assimiler tout entières ; nous pouvons et nous devons au moins ne pas ignorer les notions élémentaires qui n'exigent pas de nous une trop large part de ce temps, que réclament de plus impérieuses nécessités.

C'est pour que ce but puisse être atteint, qu'un certain nombre de savants se sont efforcés, dans ces derniers temps, de vulgariser les connaissances spéciales dont ils sont détenteurs, en faisant de la science un domaine désormais ouvert à

toutes les aptitudes, à toutes les intelli-
gences ; pour modeste qu'il soit, ce rôle
de vulgarisateur loyalement accepté et
consciencieusement rempli, peut rendre
de si éminents services, qu'il est de
nature à tenter les plus hautes intelli-
gences ; si je voulais citer des noms
propres, les plus illustres se presseraient
sous ma plume.

Loin de moi la pensée présomptueuse
de chercher une place dans cette pléiade
dont je ne suis que l'humble admira-
teur : mais je pense que tous se doivent
à tous, et que chacun, dans la mesure
de ses facultés, peut être le bienvenu,
quand il apporte son contingent à l'œuvre
commune.

Un mot maintenant sur la matière qui
fait l'objet des causeries qui vont suivre.

Je n'ai pu concevoir la pensée de
condenser toute la Botanique dans les
vingt-deux *Promenades* qui forment la

substance de ce livre. J'ai voulu simplement donner une idée de cette science
aux personnes les moins habituées aux
études de ce genre, en la présentant sous
une forme moins sévère que celle à
laquelle sont astreints les auteurs classiques.

Deux sortes d'études marchent de pair
dans la plupart de mes *Promenades,*
dont une part est consacrée à la Botanique proprement dite, une autre à la
description des plantes qui croissent
spontanément sur notre sol bourguignon,
et même de celles qui, originaires d'autres
contrées, sont devenues nôtres, par
adoption.

La première partie des *Promenades*
est peut-être la plus attrayante pour la
masse des lecteurs qui peuvent, sans le
moindre effort, s'assimiler un certain
nombre de connaissances des plus intéressantes. Si sous une forme à peu près

littéraire, j'ai voulu dissimuler ce que la
matière pouvait parfois présenter de trop
aride, j'ai cependant scrupuleusement
respecté l'exactitude scientifique, et n'ai
rien voulu sacrifier de la rigoureuse
précision dont font trop bon marché
certains vulgarisateurs ; cette pente est
trop dangereuse ; elle conduit fatalement
aux idées fausses.

La seconde partie plaira davantage aux
promeneurs curieux, qui voudront connaître le nom, les usages des plantes
sauvages, et classer chacune d'elles à la
place qui lui convient dans la série végétale. Il était à peu près impossible de
parer d'une forme littéraire une série de
descriptions comparatives ; le seul but
que je me sois proposé, a été de faire
des portraits assez exacts, pour qu'il ne
fût pas possible de ne pas reconnaître
la plante objet de la description ; pour y
parvenir, je ne me suis pas contenté de

**

mes souvenirs ; toutes les fois que cela
m'a été possible, la plante elle-même
posait sur ma table de travail.

Je n'ai traité que peu de sujets ; je
n'ai décrit que peu de plantes dans le
modeste livre que je présente au public ;
il me faudrait quatre ou cinq opuscules
semblables, et je n'aurais pas encore
épuisé la matière. Celui-ci est un essai ;
si mes lecteurs me disent que j'ai réussi
dans une certaine mesure à les instruire
ou à les intéresser, si cette affirmation a
plus de valeur qu'une simple politesse, —
ce que mon éditeur saura mieux que personne, — au printemps prochain, la
seconde série des *Promenades bota-*
*niques*.

Dr LAGUESSE

# SOMMAIRE DES PROMENADES

## XII.

Une grosse erreur à oublier. Les fleurs composées : la Marguerite, le Pissenlit et le Bluet. Fleurons et demi-fleurons. Radiées, Semi-flosculeuses et Flosculeuses. Le Soleil.

## XIII.

Métamorphose des organes floraux. La feuille, organe type. Harmonie organique. Excursion dans le règne animal.

Le hameau de Larrey et le canal de Bourgogne. La Carotte, le Panais, les Salicaires, la Coronille bigarrée.

## XIV.

Le Sépale est une feuille modifiée : le Camellia, la Rose à cent feuilles et la Pivoine blanche. Le Pétale est aussi une feuille modifiée.

L'Arnica et les Aunées.

## XV.

Les Etamines et les Carpelles sont encore des feuilles modifiées : le Nymphéa et la Rose ; les Fleurs doubles : le Balisier et la Rose verte ; Gœthe botaniste.

Les Clématites et le Lierre ; nos Lianes européennes.

## XVI.

La Floraison et l'Epanouissement. Le Calendrier de Flore. Végétaux remontants.

L'Ajonc d'Europe ; les Ononis ; le Lyciet d'Europe ; la Lavande.

## XVII.

Floraison des plantes annuelles, bisannuelles et vivaces. Influence de la vigueur d'une plante sur la floraison. Mutilations de nos arbres fruitiers. Influence de la chaleur ; les primeurs et les cultures forcées.

Les Solanées : la Pomme de terre.

## XVIII.

Le Bouton et l'Epanouissement. L'Horloge de Flore. Les fleurs éphémères. Les fleurs équinoxiales. Les fleurs météoriques : l'Hygromètre de Flore. Les fleurs respirent. Odeurs des fleurs.

La Tomate, l'Aubergine, la Morelle noire, la Douce-amère, l'Oranger du Savetier.

## XIX.

Les Bractées ; les feuilles florales. Les Bractées sont des feuilles modifiées ; leur disposition sur la tige, leurs transformations. Bractées de l'Ananas,

de la Lavande Stœchis, du Tilleul, de la Sauge
éclatante, de Bougainvillea.

Le Colchique d'automne, la Linaire bâtarde, la
Linaire élatine, le Lamier embrassant, le Galeopsis
ladane.

## XX.

Les Calicules et les Involucres  Dissection d'un
artichaut.

Herborisation autour du miroir : les Epiaires, les
Bugles et les Germandrées.

## XXI

La Cupule, le Cône et la Spathe. Une fleur de
Graminée ; le Blé. L'Epi et l'Epillet. La Glume, la
Glumelle et la Glumellule.

Diverses variétés de Blé.

## XXII.

Les végétaux Cryptogames. Algues et Champignons. Les Spores. Amphigènes et Acrogènes.

Les Fougères ; les Doradilles. Au revoir à mes
lecteurs.

# PROMENADES BOTANIQUES

—⟩⟨—

## I

Qui aime les fleurs me suive ! Papas et ma-
mans, voulez-vous, une fois par semaine,
venir vous promener avec moi dans ce charmant bois du Parc où croissent tant de beaux
arbres, où pullulent de si charmantes petites
fleurettes ? Serez-vous Dijonnais à ce point
d'être effrayés par l'énorme distance des
douze ou quinze cents mètres qui vous séparent d'une splendeur que toutes les villes de
France nous envient ? Non, n'est-ce pas ?
Allons ! un bon mouvement ; vous et vos enfants, vous y gagnerez un solide appétit, vous
y respirerez un air pur, et, pour peu que vous
le vouliez, vous y apprendrez quelque chose.
C'est entendu : partons bien vite ; entendez·

vous les oiseaux gazouiller dans les arbres de
l'avenue ? Voyez-vous le jet d'eau scintiller au
soleil ? Sentez-vous ce zéphir matinal qui vous
pénètre d'une vie nouvelle ? Vous enivrez-vous
de ces senteurs embaumées ? Oui, n'est-ce
pas ? Eh bien, nous sommes arrivés.

ᘓᗡ

Maintenant que nous avons la permission
des grands parents, c'est à vous, mes enfants,
que je m'adresse : à peine avons-nous franchi
la grille, que nous apercevons, à gauche, une
petite pelouse émaillée des couleurs les plus
éclatantes ; une fleur jaune domine ; vous la
connaissez bien sous les noms de *Bassin
d'or*, de *Bouton d'or ;* voulez-vous avec moi
l'examiner de plus près ; regardez à la place
où est fixée la *queue* de la fleur, — vilain
nom que les botanistes ont remplacé par celui
aussi peu harmonieux de *pédoncule,* — vous
verrez cinq petites folioles toutes velues : ce
sont les cinq pièces du *calice,* les cinq *sépales ;* plus jeune, le calice est d'un vert clair
et forme l'enveloppe du bouton. Plus à l'intérieur de la fleur, vous voyez ensuite cinq
plus grandes folioles d'un jaune magnifique ;
ces pièces sont comme vernies ; elles sont
dépourvues de poils : ce sont les cinq pièces
de la *corolle,* les cinq *pétales ;* remarquez

encore qu'elles correspondent exactement aux intervalles des cinq folioles précédentes.

Le calice et la corolle réunis sont ce qu'on nomme les *enveloppes florales*.

Plus à l'intérieur encore, vous voyez une multitude de petits filets dorés, terminés par un renflement : ce sont les *étamines ;* puis, tout à fait au centre, remarquez cette grande quantité de mamelons crochus : ce sont les *carpelles ;* leur réunion constitue le fruit, tel que vous pouvez le voir quand la fleur est passée, —.tout à côté de votre fleur, vous en avez un exemple — et chacun d'eux renferme un petit *ovule* qui deviendra une *graine.*

Votre *bassin d'or* est pour les botanistes une *Renoncule*, et celle que vous venez d'étudier est la *Renoncule âcre ;* vous dirai-je le nom latin ? Non ! Je vais me contenter de vous le donner entre parenthèses ; s'il vous effraie, vous ne le lirez pas *(Ranunculus acris).*

❧

Voulez-vous me suivre immédiatement sur la pelouse qui mène à la rivière ; c'est tout près ; voyez là encore des bassins d'or ; ne remarquez-vous pas au premier coup d'œil que leur taille est un peu moins élevée ; ils ont l'air moins robustes ; arrachez-en un et faites en sorte d'avoir la racine ; vous verrez que la tige paraît sortir d'une sorte d'oignon, et que c'est de la base de cet oignon que partent les racines qui s'enfoncent dans le sol ; la *Renoncule âcre* n'avait pas une racine semblable. Voulez-vous maintenant regarder les cinq pièces qui forment le calice ; elles sont repliées, les botanistes disent *réfractées* sur le pédoncule ; la *Renoncule âcre* n'avait pas un calice semblable : c'est qu'en effet cette seconde plante est la *Renoncule bulbeuse;* je risque le nom latin cette fois, et n'oubliez plus la différence qui existe entre le *Ranunculus acris*, et le *Ranunculus bulbosus*.

࿇

J'ai bien encore d'autres renoncules à vous montrer dans ce parc où l'on peut étudier beaucoup de plantes ; je ne veux pas abuser des renoncules aujourd'hui ; je ne les abandonnerai cependant pas sans vous dire que, si jolies qu'elles soient, ces herbes ne sont pas tout à fait innocentes ; leur suc est âcre ; il ne faut pas les mettre dans votre bouche ; elles l'enflammeraient. On s'en est servi pour empoisonner les souris ; elles empoisonnent parfois le bétail, et l'une d'elles est à ce point

dangereuse qu'on l'a appelée *Renoncule scélé-
rate ;* rassurez-vous, celle-là ne croît point au
parc de Dijon.

❧

Venez maintenant jusque sur la pelouse
qui borde la rivière. Voyez-vous toutes ces
fleurs d'un beau bleu violet ; prenez-en une,
et vous allez voir combien sa structure diffère de celle du bassin d'or ; vous reconnaîtrez tout de suite le calice dans ces quatre
pièces violacées qui sont à la base de la fleur ;
mais vous verrez aussi que ces quatre pièces
sont soudées les unes aux autres, de manière
à former un petit entonnoir à quatre pointes.
Quant à la corolle, sa forme est plus singulière encore : elle est tout à fait irrégulière ;
vous apercevez deux lèvres, dont la supérieure est voûtée, courbée comme une lame
de faux, dont l'inférieure plus ou moins tour-
mentée, est divisée en trois lobes. De la lèvre
supérieure vous voyez sortir un fil d'un violet
pâle : c'est le *style* qui surmonte *l'ovaire*
placé dans le fond de la fleur ; les *étamines*
ne sont qu'au nombre de deux ; vous les
trouverez insérées à la face interne de la corolle.

Vous avez là une plante de la famille des
*Labiées :* c'est la *Sauge des prés (Salvia pra-*

*tensis*). Remarquez en passant que la tige de cette plante est carrée; toutes les plantes de la famille ont la tige carrée, presque toutes ont une corolle à deux lèvres.

Je ne veux pas fatiguer votre attention pour une première fois ; cependant nous pouvons bien encore étudier une fleur en nous en allant. Revenons par l'allée de droite, et, chemin faisant, nous allons rencontrer en grande abondance une charmante petite plante aux feuilles finement découpées, à la tige rougeâtre et poilue ; cette plante porte de petites fleurs d'un beau rose ; le calice est à cinq pièces rougeâtres, aiguës, toutes couvertes de longs poils blancs plantés à angle droit ; la corolle est à cinq pièces d'un beau rose veiné de blanc et de carmin ; il y a dix petites *étamines* entourant un *pistil* vert à extrémité rosée ; quelque jolie que soit cette plante, ne la froissez pas dans vos doigts ; elle n'est pas un poison, mais elle sent mauvais ; elle est comme visqueuse : c'est l'*herbe à Robert*, le *Géranium de Robert (Geranium Robertianum)*. Souvenez-vous d'elle ; elle est un parfait spécimen des plantes de la famille des *Géraniées*. Plus tard, je vous en montrerai quelques autres.

Vous connaissez déjà quatre plantes ; c'est assez pour aujourd'hui. Si cette promenade vous a intéressé, nous reviendrons bientôt : nous pourrons alors aller plus vite, étudier un plus grand nombre d'espèces, et ceux ou celles de vous qu'un beau zèle enflammera trouveront souvent le professeur au Jardin botanique.

Un mot encore avant de rentrer en ville : voulez-vous *ne jamais oublier* ce que vous venez d'apprendre ; emportez un échantillon complet des quatre plantes que vous avez étudiées ; en rentrant à la maison, faites-les sécher entre quelques feuilles de papier gris, sur lesquelles vous placerez un gros livre bien lourd ; quand elles seront sèches, fixez-les avec deux ou trois petites épingles sur une feuille de papier blanc, puis ajoutez une étiquette ainsi conçue :

*Ranunculus acris,* Renoncule âcre.

Bois du Parc, 3 juin 1876.

Je vous garantis l'efficacité du procédé.

## II

Vous me voyez tout confus, mes chers élèves inconnus ; ceux d'entre vous, qui, se fiant
à mes indications, se sont empressés d'aller
explorer les gazons du Parc, ont éprouvé une
amère déception ; les faucheurs ont accompli
leur œuvre de destruction, et certaines pelouses signalées n'ont plus offert à vos yeux at-
tristés qu'un uniforme tapis vert. Consolez-
vous bien vite de ce contre-temps ; si vous
avez bien cherché, vous avez trouvé quelque
part, échappées à la faux herbicide, les quatre plantes dont je vous ai fait la description ; le Parc en est rempli ; elles sont aussi
dans les fossés de l'avenue ; elles sont partout
ailleurs ; si par un malheureux hazard, elles
ne se sont nulle part offertes à vos regards,
venez les voir dans les carrés de l'Ecole de
Botanique.

❦

Aujourd'hui, je vais prendre mes précautions, et je défie bien le sort malin de contrarier vos studieuses intentions.

Il est une plante qui paraît avoir pour le bois du Parc une prédilection toute particulière ; vous l'y trouverez partout ; jamais les faucheurs n'en viendront à bout, et je jouerais de malheur si vous ne la rencontriez pas.

C'est par centaines, c'est par milliers que les plantes de cette espèce croissent les unes à côté des autres dans toutes les allées herbeuses du bois ; elles sont élevées ; leurs tiges sont grosses, sillonnées de côtes, parsemées de poils blancs et courts, renflées au niveau des nœuds, creusées à l'intérieur, *fistuleuses*, disent les livres de botanique ; les rameaux sont nombreux au sommet de la plante ; les feuilles sont finement découpées ; si vous les examinez à la loupe, vous les verrez ciliées ; les fleurs sont toutes petites, blanchâtres, rassemblées en groupes au sommet des rameaux.

ഐ

La manière dont ces groupes sont agencés, mérite une description spéciale : le pédoncule commun est long ; de son extrémité rayonnent de nombreux pédoncules secondaires ; ils sont huit au moins, seize au plus, inégaux en longueur, et c'est du sommet de chacun d'eux que partent une quinzaine de pédoncules plus petits encore, portant chacun une fleurette à son extrémité. Les botanistes ont donné des noms spéciaux aux différentes parties que je viens de vous montrer ; l'ensemble, ils l'ont appelé une *Ombelle ;* puis, ils ont nommé *Ombellules* les petites ombelles dont la réunion constitue l'ombelle. Cet arrangement tout particulier, cette *inflorescence,* pour me servir du terme scientifique, est propre à un très grand nombre de plantes ; presqu'à lui seul ce caractère a suffi pour distinguer de toutes les autres, la grande famille des *Ombellifères.*

එ෴

Vous ferez sagement de ne jamais oublier à la maison votre petite loupe de poche ; pour examiner la fleur de notre ombellifère, elle vous sera indispensable.

Ne cherchez pas le calice ; quoiqu'il existe, vous ne le trouverez pas tout d'abord ; ses folioles sont indistinctes, soudées qu'elles sont avec l'ovaire. La corolle est composée de cinq petits pétales blancs. Cinq étamines alternent avec les pétales, et tout à fait au centre, l'ovaire se compose de deux carpelles surmontés chacun d'un style blanchâtre ;

pour bien voir ces pièces intérieures de la
fleur, prenez une ombelle défleurie, dans
laquelle les fruits auront succédé aux fleurs.

                 ❧

Je reviendrai sur cette intéressante famille dont je n'ai pas terminé la description,
et je me hâte de satisfaire votre impatience :
la plante que nous venons d'analyser est
l'*Anthrisque des bois*, l'*Anthriscus sylvestris*,
plante tout à fait voisine du *Cerfeuil*, que
nous appelons *Anthriscus cerefolium*. A la
campagne on l'appelle quelquefois *Persil
d'âne ;* les Dijonnais qui l'ont toujours vue
dans leur Parc, la prennent pour de la *ciguë*.
C'est une erreur ; il faudrait en manger une
assez grande quantité pour éprouver de sérieux accidents ; elle a du reste une odeur
désagréable ; sa tige teint en vert ; les animaux qui la mangent à l'état sec n'en sont
pas incommodés.

                 ❧

Allons maintenant sur les bords de la rivière ; il y a là une belle plante que les faucheurs ne nous prendront pas ; la voyez-vous
baignant ses racines dans l'eau, en touffes
droites et serrées : sa tige est élevée, lisse,

arrondie, d'un beau vert; ses feuilles sont
longues, aplaties, terminées comme la
baïonnette d'un chassepot; au sommet de
la plante, de l'aisselle des feuilles, sortent de
longs pédoncules surmontés d'une splendide
fleur jaune. Voyons ensemble comment est
construite cette fleur qui ressemble si peu
à celles que nous avons vues jusqu'à présent.

Ne recherchez plus ici la distinction entre
le calice et la corolle; peut-être vous mon-
trerai-je un jour qu'il est possible de l'établir : il faut pour cela que vous en sachiez
davantage.

Quel que soit le nom des pièces que nous
allons étudier, elles constituent toujours les
*enveloppes florales,* ces parties si brillantes
de la fleur, qui remplissent un rôle dont je
vous entretiendrai bientôt; dans notre plante,
ces pièces réunies portent le nom de *périgone,*
ou de *périanthe;* les trois plus extérieures
sont larges, d'un beau jaune d'or, ornées de
riches nervures d'un brun velouté; brisez-les
à leur base; ce sont trois petites pièces qui
leur succèdent; à elles six, elles forment le
périanthe; détachez encore ces trois pièces,
et vous verrez trois étamines; leur support
ou *filet,* est jaune comme la fleur elle-même;

les *anthères* sont striées de jaune et de brun ;
tout entière l'étamine est logée dans une
anfractuosité qui lui a été creusée dans une
triple pièce à sommet échancré et frangé qui
occupe la partie centrale ; enlevez maintenant
les trois étamines avec le tube vert à l'intérieur duquel elles sont attachées, et il vous
sera facile de reconnaître que les trois pièces
intérieures qui leur servaient de logement
surmontent l'ovaire, et font en conséquence
partie intégrante du *pistil*.

⚜

Je n'ai pas besoin de vous dire que notre
plante est un *Iris ;* vous le savez ; c'est le
genre Iris qui a donné son nom à la famille
des *Iridées*. Notre *Iris* est appelé *faux-acore*
(*Iris pseudo acorus*); il est fort commun dans
les marais, au bord des étangs, le long des
rivières ; selon les pays, les habitants de la
campagne le connaissent sous les noms de
*glayeul des marais, flambe d'eau, flambe bâ-
tarde, Iris des marais ;* ses racines renfer-
ment une assez grande quantité de tannin ;
les paysans écossais en font de l'encre ; en
France, on s'en est servi pour teindre le drap
en noir ; de la fleur, on a aussi extrait une
teinture jaune.

La poudre d'Iris des parfumeurs, les pois

d'Iris des pharmaciens, sont fabriqués avec
la racine d'un Iris qui croît spontanément
dans le midi de la France, l'*Iris florentina*.

૭૯

Nous n'avons étudié aujourd'hui que deux
plantes ; c'est qu'aussi il faut reconnaître que
les faucheurs ne nous ont guère laissé le choix ;
il en est cependant encore une qui se joue de
leur fureur et qu'il nous faut voir aujourd'hui,
sous peine de ne plus la retrouver la semaine
prochaine.

Le voyez-vous cet arbre superbe, si commun aujourd'hui, qu'à peine daignons-nous
le regarder en passant ? Sa feuille palmée
étale splendidement ses sept larges lobes ;
toute sa cime est magnifiquement ornée de
grappes redressées ; les fleurs sont blanches
et roses ; il y a cinq sépales, d'un vert blanchâtre, soudés les uns aux autres, cinq pétales irréguliers, plissés et cotonneux, sept
étamines courbées en crosse, un ovaire surmonté d'un style unique. Hâtez-vous d'étudier
cette fleur ; le fruit va bientôt lui succéder,
et déjà il vous faudra chercher les sujets tar-
difs. Vous avez reconnu le *Marronnier
d'Inde*, l'*Œsculus hippocastanum ;* cet arbre
n'est pas spontané en Europe ; il ne nous a été
apporté d'Asie qu'à la fin du XVI<sup>e</sup> siècle ; il
appartient, ainsi que le *Marronnier rouge*,

à la famille des *Hippocastanées* ; sous le nom
de marronnier rouge on confond plusieurs
arbres plantés dans nos promenades et notamment l'*Œsculus rubicunda* et le *Pavia ru-
bra*. Vous ne confondrez jamais le genre
*Pavia* avec le genre *Œsculus*, en vous rappelant que le premier porte des fleurs à étamines droites, que les étamines sont courbées
en crosse dans la fleur du second ; que les
folioles du premier ont toutes une petite
*queue*, un petit *pétiole*, tandis que celles du
second s'insèrent directement au sommet du
pétiole commun.

≈

Un scrupule m'arrête et m'interdit de terminer ici cette causerie, qui vous a peut-
être déjà paru bien longue. Samedi dernier,
je vous ai fait connaître deux espèces de Renoncules, la Renoncule âcre et la Renoncule
bulbeuse ; il en est une troisième qui croît
souvent en compagnie des deux premières,
et je ne veux pas que vous puissiez la confondre avec elles ; je ne veux pas surtout que
vous soyez en droit de m'accuser d'être l'auteur responsable de votre méprise : cette Renoncule a la même fleur que la Renoncule
âcre ; elle s'en distingue par ses pédoncules
*sillonnés*, par ses feuilles ovales dans leur
pourtour ; elle se distingue de la Renoncule

bulbeuse par ses sépales non réfractés, par sa racine dépourvue de bulbe ; de toutes deux par son port plus humble et surtout par la présence de *rejets rampants* qu'on nomme *stolons*, et dont vous connaissez les analogues dans la fraise de nos jardins et de nos bois. Vous connaissez maintenant la *Renoncule rampante (Ranunculus repens)*.

La Renoncule rampante se propage avec une merveilleuse rapidité ; en peu de temps elle envahit des surfaces considérables ; ce résultat, redouté des agriculteurs, est précisément dû à la présence de ces rejets rampants qui s'enracinent et constituent autant de plantes nouvelles ; les habitants des campagnes la connaissent sous le nom vulgaire de *Pied de Poule*

Voilà votre patrimoine botanique enrichi de quatre nouvelles espèces : c'est une fortune modeste. Si vous persévérez, vous serez déjà bien riches quand arrivera l'hiver.

# III

.

Je ne sais si le soleil luira quand vous lirez
ces lignes; mais je ne sais que trop qu'il
pleut à verse au moment où je les écris; il
pleut à ne pas mettre un médecin à la porte:
c'est vous dire qu'il serait bien dur de m'en-
voyer au fond du Parc. Ne pourrions-nous
pas, faisant contre fortune bon cœur, profiter
de ce contre-temps, pour échanger certaines
explications, qui aideront singulièrement à
l'intelligence de nos causeries hebdoma-
daires?

ₑ♡

Vous avez déjà dû vous demander comment
avaient fait les botanistes pour classer, pour
mettre en ordre toutes les plantes qui croissent en si grand nombre sur la surface de
notre planète. Se sont-ils soumis à certaines
règles? Si oui, quelles sont ces règles et sur

quels principes reposent-elles ? Pourquoi ces
noms, dont beaucoup sont fort bizarres ;
pourquoi ces noms latins qui vous surpren-
nent et vous épouvantent?

Si vous le voulez bien, je vais essayer de
vous donner quelques renseignements à cet
égard.

౨ఁ

Les anciens ne connaissaient qu'un nombre de plantes fort limité ; 400 ans avant
Jésus-Christ, Hippocrate, ce patriarche lé-
gendaire de la médecine, n'en connaissait
que 234 ; en l'an 79 de notre ère, le romain
Pline n'en connaissait que 800 ; au moyen
âge, personne ne s'occupe de l'étude des
plantes ; dans les temps modernes, le désir
de savoir s'empare de la société : toutes les
connaissances humaines s'élargissent ; l'étude
de la botanique prend un essor magnifique ;
apparaissent Tournefort Linné, les de Jussieu, les de Candolle et bien d'autres encore,
de telle sorte, qu'à l'heure où je vous parle,
120.000 plantes au moins sont décrites par
les botanistes contemporains; autant, plus
encore peut-être, le seront par les générations
à venir.

౨ఁ

Vous sentez maintenant, mieux que jamais, combien il est important de faire un classement, d'établir un ordre, qui permettent au naturaliste de se reconnaître dans cet immense chaos ; combien il est important surtout de rechercher, si dans ce désordre apparent que nous offre la nature, il n'y a pas un ordre véritable, supérieur à tous, et préétabli par l'auteur de toutes choses.

❦

Ce n'est pas sans dessein que je viens d'écrire cette dernière phrase : je la livre à vos jeunes méditations ; vous verrez combien l'idée qu'elle exprime sera féconde en saines pensées, et combien elle élargira pour vous le sentier d'une science. qui, machinalement enseignée, machinalement apprise, n'offre aux commençants qu'un invincible dégoût.

Dès aujourd'hui, vous allez éprouver combien est grande la puissance d'une idée juste, vraie et élevée, pour faire comprendre certaines notions si sèchement enseignées dans nos livres classiques.

❦

Etant données les cent et quelques milliers de plantes qui croissent à la surface du sol, étant reconnue la nécessité d'un ordre qui en facilite, qui en permette l'étude, vous allez comprendre de suite que les classifications pourront être faites selon deux modes tout à fait différents.

Je puis, par exemple, dire : divisons toutes les plantes en trois grandes classes, suivant qu'elles vivent, une seule année, deux années, ou bien un plus grand nombre d'années, suivant, pour me servir des expressions usitées, qu'elles sont *annuelles, bi-sannuelles* ou *vivaces*.

Nous aurons déjà ainsi trois grands groupes bien distincts. Prenons maintenant chacun de ces groupes et plaçons dans une première série toutes les plantes munies d'une racine unique, *pivotante*, et s'enfonçant en se ramifiant dans le sol ; puis, dans une seconde série, toutes les plantes munies d'un grand nombre de racines indépendantes, de racines *fibreuses* ; nous obtiendrions déjà ainsi six groupes distincts. Il vous est facile de comprendre que si, dans ces six nouveaux groupes, nous considérons les différences qui peuvent exister entre tel organe qu'il vous plaira, la tige, la feuille, la fleur, etc., etc., nous constituerons en fin de compte une très grande quantité de groupes secondaires, tertiaires, etc., dans lesquels nous pourrons faire entrer toutes les plantes connues.

Une classification ainsi faite est, et a été appelée une *classification artificielle*, un *système*.

꙰

C'est à titre d'exemple d'une classification artificielle que j'ai construit celle qui précède : vous pouvez en supposer telle ou telle autre. On a basé des classifications sur la grandeur des plantes, sur leurs propriétés, sur la forme des feuilles, etc., etc. ; toutes ces classifications sont artificielles, sont des systèmes.

De même les naturalistes qui s'occupent des animaux feraient une classification artificielle en disant : les animaux se divisent en trois grandes classes, selon qu'ils vivent sur le sol, dans l'air, ou dans l'eau.

Prenant un exemple dans un autre ordre d'idées, je vous dirai : un homme ferait une classification artificielle des livres de sa bibliothèque, en les divisant en brochés ou reliés, en in-quarto ou en in-octavo, en anciens ou en modernes, etc.

Voyons maintenant le second mode suivant lequel on peut faire une classification.

꙰

J'étudie successivement tous les organes
qui constituent les différentes plantes ; j'exa-
mine la tige, la racine, les feuilles, la fleur,
le fruit, la graine ; puis, tenant compte de
l'importance relative de ces différentes parties, je mets dans un même groupe toutes les
plantes qui sont organisées de la même façon, réservant pour un autre groupe toutes
celles qu'une organisation analogue permettra de réunir : je me fais immédiatement
comprendre par un exemple.

L'organe le plus important d'un végétal
est celui qui doit le reproduire, c'est-à-dire
la *graine*, et pour certains végétaux inférieurs, le *spore*. Vous savez que la graine est
une petite plante en miniature, puisqu'il suffira de la semer et de la mettre dans des con-
ditions favorables pour que cette ébauche de
végétal devienne une plante parfaite. Tous
les organes futurs de la plante sont indiqués
dans la graine ; la feuille notamment s'y
dessine avec une netteté remarquable (je ne
parle pas ici du spore qui doit être l'objet
d'une étude spéciale).

Suivez-moi bien : les botanistes ont remarqué que dans certaines graines il y a l'é-
bauche de deux feuilles, que dans certaines
autres il n'y a l'ébauche que d'une seule
feuille ; ce fait est déjà considérable, vu l'importance de l'organe étudié. Ils ont été plus
loin, et ils ont constaté que toutes les plantes
provenant des premières graines ont une tige,
une racine, des feuilles, des fleurs organisées
d'une manière identique, et que toutes celles
provenant des secondes ont ces mêmes organes tout autrement constitués, mais selon
un plan unique et conforme, qui oblige à les
classer ensemble.

ॐ

Il résulte de là que tous les *caractères* im-
portants tirés des organes des plantes, les
classent *naturellement* en deux grands groupes, en deux grands *embranchements*. Je fré-
mis à la pensée de vous donner pour la première fois deux de ces affreux *noms* qui sont
votre épouvantail ; il le faut cependant ; je
vous sers la médecine à petites doses ; puisse-
t-elle être pour vous moins amère !

Les botanistes ont appelé *cotylédons* les
petites feuilles qui sont à l'état d'ébauche
dans la graine : c'est un mot grec qu'ils ont
cru devoir franciser ; puis, prenant deux autres mots grecs, ils ont appelé *plantes Dico-*

4

*tylédonées* celles qui proviennent d'une graine
pourvue de deux cotylédons, et *Monocotylé-
donées* celles provenant d'une graine à un
seul cotylédon.

Puis-je espérer, mes chers élèves, que les
précautions oratoires que j'ai cru devoir
prendre me feront pardonner la barbarie de
ce langage ?

Allons plus loin, et examinons toutes les
plantes comprises dans le grand embranchement des *Dicotylédonées*.

Nous pourrons les diviser en trois groupes : dans le premier, nous placerons ceux
qui ont une *corolle* composée de plusieurs
pièces distinctes et séparées ; dans le second,
celles qui ont une corolle dont toutes les
pièces sont soudées les unes aux autres ; dans
le troisième enfin, celles qui sont dépourvues
de corolle. Il nous faut alors trois mots nouveaux ; je vous demande grâce pour eux, et
je nomme nos trois groupes secondaires :

$$
Dicotylédonées
\begin{cases}
Polypétales. \\
Monopétales. \\
Apétales.
\end{cases}
$$

Poursuivons et établissons de nouveaux groupes tertiaires en étudiant les *Dicotylédonées polypétales* : parmi ces plantes, les unes ont les étamines attachées, insérées *sous l'ovaire,* les autres *à l'entour de l'ovaire;* deux groupes nouveaux porteront les noms de *polypétales hypogynes,* et de *polypétales périgynes.* Je m'arrête ; c'est assez de mots nouveaux ; aussi bien, je vous ai dit tout ce dont j'avais besoin pour vous faire saisir qu'une classification ainsi comprise, se basant sur l'organisation des plantes, cherchant à deviner le plan suivi par la puissance créatrice, n'est plus une *classification artificielle,* un *système,* mais une *classification naturelle,* une *méthode naturelle;* tels sont les deux termes que je voulais opposer et vous faire comprendre.

❧

Poursuivant ma comparaison, je vous dirai : le zoologiste qui voudra classer les animaux suivant une *méthode naturelle,* dira : Je remarque que tous les animaux, les plus parfaitement organisés, ont tous un centre nerveux, le *cerveau,* lequel se continue sous le nom de *moelle épinière,* dans un canal osseux, appelé *canal vertébral,* composé qu'il est d'un certain nombre d'os percés appelés *vertèbres;* je range donc tous ces animaux

dans un même groupe que j'appelle embranchement des *vertébrés ;* tous les autres seront
les *invertébrés.* Parmi les premiers, je remarque que les plus parfaits ont des mamelles
pour nourrir leurs petits ; je constitue l'ordre
des *mammifères :* parmi les mammifères, je
distinguerai les *bimanes,* les *quadrumanes,*
les *carnassiers,* les *ruminants,* etc., etc.

ॐ

Je veux être complet et j'ajoute : Le biblio-
thécaire qui voudra classer ses livres suivant
une *méthode naturelle,* s'inquiétera peu de
leur couverture ou de leur format ; il grou-
pera ceux qui traitent de littérature, il réu-
nira d'un autre côté ceux qui s'occupent de
sciences. Parmi ces derniers, il distinguera
ceux qui traitent des sciences morales ou poli-
tiques, des sciences mathématiques, physi-
ques ou chimiques, des sciences naturelles ;
dans cette dernière catégorie, il séparera les
livres de zoologie, de botanique, de géolo-
gie, etc.

J'ai été long, peut-être un peu bavard ; si
je me suis fait comprendre, je ne vous aurai
pas été complètement inutile. Nous repren-
drons un autre jour l'étude des classifications
botaniques.

ॐ

J'entends me faire pardonner les grands
mots que je vous ai infligés. Sans sortir de
ville, venez sur le rempart Tivoli, je vais
vous montrer deux plantes nouvelles qu'il est
temps de mettre dans votre herbier. Vous les
trouverez toutes deux sur le revêtement extérieur des murailles, poussant entre ces mêmes
pierres que les Suisses mitraillèrent autrefois.
La première, — je vous la nomme de suite,
— c'est la *Giroflée violier :* sa tige est dure,
presque ligneuse ; ses fleurs sont groupées en
grappes ; le calice est à quatre sépales d'un
rouge violacé, parfois noirâtre ; la corolle est
à quatre pétales disposés en croix, d'un
beau jaune, et fort agréablement odorante ;
il y a six étamines appelées *tétradynames,*
parce que quatre d'entre elles sont plus grandes que les deux autres ; enfin, au centre de
la fleur est un ovaire allongé, lequel, arrivé à
maturité, devient un fruit qui porte le nom
de *Silique.*

❦

La *Giroflée violier (Cheiranthus cheiri)* appartient à la grande famille des *Crucifères ;*
on l'a transportée dans nos jardins, et nos
horticulteurs en ont obtenu de belles et nombreuses variétés à fleurs doubles, qu'ils nomment des *Carafées ;* elle croît à l'état sauvage
sur les vieilles murailles.

Sur ces mêmes murs du rempart, vous ne
trouverez que trois ou quatre échantillons de
la seconde plante que je vous ai annoncée ;
vous la reconnaîtrez de suite à ses grandes
fleurs d'un beau jaune. La tige est grosse,
d'un vert pâle ; les feuilles sont épaisses, si-
nuées, velues dans leur jeunesse, d'un vert
glauque ; le calice est à deux pièces seulement,
et encore ne le trouverez-vous que sur les
fleurs nouvellement épanouies, car ces deux
sépales tombent de bonne heure, ce qui leur
a valu l'épithète de *caducs*. Il y a quatre
grands pétales jaunes, ressemblant, sauf la
couleur, à ceux des coquelicots ; les étamines
sont fort nombreuses ; — passé le nombre
vingt, les étamines ne se comptent plus ; —
l'ovaire est allongé, en forme de silique.

Cette belle plante, que vous trouverez encore sur la route de Plombières, sous deux
arches voûtées du chemin de fer, un peu plus
loin que la chapelle, est la *Glaucière jaune*
(*Glaucium luteum*) ; elle appartient à la famille des *Papavéracées*.

Deux plantes de plus, en dépit de la pluie
et des faucheurs !

—✂—

# IV

J'espère que vous ne m'en voudrez pas trop fort, si, chemin faisant, pendant que nous parcourons ces belles avenues baignées d'une chaude lumière, j'essaie de compléter les notions que je vous ai données samedi dernier sur la classification des plantes.

Vous vous en souvenez, j'ai voulu vous montrer la différence qui existe entre une classification artificielle et une classification naturelle ; je vous ai mis à même d'apprécier combien la seconde est préférable à la première. Il me reste à vous dire, comme du reste vous devez le pressentir, que les classifications artificielles ont précédé les classifications naturelles, et que ce n'est qu'après de longues et laborieuses études que les botanistes ont pu construire les moins imparfaites de ces dernières.

Tournefort et bien d'autres avant lui,
avaient fait des *systèmes;* Linné, de Jussieu,
de Candolle, Brongniart, ont, dans ces derniers temps, proposé des *méthodes naturelles.*
Aucune d'elles n'est parfaite ; chacune d'elles
satisfait l'esprit dans une certaine mesure. Il
n'a encore été donné, il ne sera jamais donné
à aucun homme, de comprendre l'œuvre du
Créateur, au point d'en saisir l'absolue con-
ception. Il a été accordé aux grands génies
dont vous connaissez maintenant les noms,
de surprendre quelques-uns des secrets de la
puissance créatrice, de soupçonner le plan
qu'elle a suivi, d'apercevoir l'admirable harmonie qui relie les uns aux autres tous les
êtres du monde végétal. J'en ai assez dit sur
ce sujet, pour que vous compreniez quel a été
le but de leurs efforts, quel devra être celui
des botanistes à venir.

Ce serait le moment de vous exposer une
de ces grandes classifications naturelles qui
sont aujourd'hui acceptées par les savants,
celle de de Candolle, par exemple, qui, encore
classique, est fort usitée dans les ouvrages et
dans les jardins. J'aurais grand'peur de jeter
le trouble dans vos esprits. Je vais donc me
contenter d'en tracer les grands traits ; plus

tard, vous pénétrerez plus facilement dans les détails.

Le célèbre directeur du Jardin botanique de Genève a d'abord divisé tous les végétaux en deux grands groupes, selon que l'organe (graine ou spore) destiné à les reproduire, est pourvu ou non de *cotylédons;* d'où : végétaux *cotylédonés* et *acotylédonés;* les premiers sont encore appelés *phanérogames,* en raison de l'*évidence* de leurs organes, reproducteurs; les seconds *cryptogames,* vu la situation et la conformation *cachées* de ces mêmes organes.

ର୍ତ

Les exemples vous seront fort utiles pour saisir et retenir le sens de ces mots que je suis désolé de ne pouvoir vous épargner : une renoncule est une plante cotylédonée, phanérogame; une fougère est une plante acotylédonée, cryptogame ; la première a des fleurs, la seconde n'en porte pas ; la première se reproduit au moyen d'une graine pourvue de deux cotylédons, la seconde au moyen d'un spore qui n'a pas de cotylédons.

ର୍ତ

Les végétaux acotylédonés ou cryptogames ne nous retiendront qu'un instant ; je ne

5

veux entrer dans aucun détail, finissons-en
de suite avec eux.

Les uns portent des feuilles, les autres en
sont dépourvus ; il était naturel de les diviser en deux grandes classes : c'est ce qu'a
fait de Candolle, et il a dit : les acotylédonés sont *foliacés* ou *aphylles*. Exemples : la
fougère est une plante acotylédonée foliacée ;
le champignon est une plante acotylédonée
aphylle. *Phullon*, en grec, veut dire feuille.

Passons aux végétaux cotylédonés. De
Candolle a établi deux grands embranchements que vous connaissez déjà, celui des
Dicotylédonés, celui des Monocotylédonés, le
premier renfermant toutes les plantes qui
ont deux cotylédons dans leur graine, le
second toutes celles dont la graine est à un
seul cotylédon ; la Sauge des prés devra être
classée dans le premier embranchement,
l'Iris faux-acore dans le second.

Poursuivons : vous pourrez diviser toutes
les plantes dicotylédonées en deux nouveaux
groupes, selon que leurs fleurs auront en
même temps un calice et une corolle, ou
bien qu'elles ne seront pourvues que d'une
seule de ces deux enveloppes florales ; vous
aurez ainsi les Dicotylédonées *bichlamydées* et
*monochlamydées*, c'est-à-dire, — pour traduire

ces deux mots tirés du grec, — à deux tuniques, ou à une seule tunique.

Le Géranium de Robert est bichlamydé ; l'Oseille cultivée de nos jardins *(Rumex acetosa)* est monochlamydée ; son enveloppe florale unique est de celles qu'on appelle *périgone* ou *périanthe*.

ॐ

Les Monochlamydées ne se subdivisent plus en classes ; mais les Bichlamydées sont *thalamiflores , caliciflores* ou *corolliflores.* J'explique immédiatement ces trois mots nouveaux.

Dans le groupe des Thalamiflores, vous rangerez toutes les plantes qui ont une corolle à plusieurs pétales insérés *sous l'ovaire, sur le thalamus ou réceptacle.* Exemples : la Renoncule, la Giroflée.

Dans le groupe des Caliciflores , toutes celles qui, munies également d'une corolle à plusieurs pétales, ont ces pétales insérés *sur l'ovaire* ou *autour* de lui. Exemples : la Rose, le Cerfeuil.

Dans le groupe des Corolliflores, toutes celles qui ont une corolle constituée par des pétales *soudés,* insérés *sous l'ovaire.* Exemples : la Sauge des prés, le Myosotis.

ॐ

J'ai terminé, et pour plus de clarté, j'établis le tableau suivant :

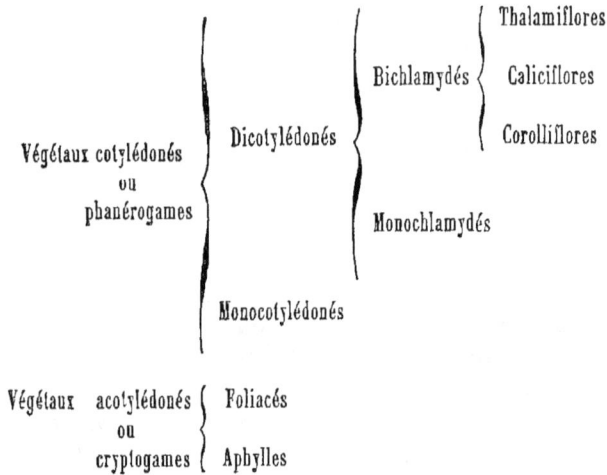

| Végétaux cotylédonés ou phanérogames | Dicotylédonés | Bichlamydés | Thalamiflores |
| | | | Caliciflores |
| | | | Corolliflores |
| | | Monochlamydés | |
| | Monocotylédonés | | |

| Végétaux acotylédonés ou cryptogames | Foliacés |
| | Aphylles |

Je ne vous donne que l'indispensable ; ne me maudissez donc pas trop : vous verrez bientôt, au reste, comme on s'habitue vite à tous ces mots, quand ils sont administrés à petites doses, quand ils sont expliqués et digérés au fur et à mesure de leur apparition. Retournons maintenant à nos fleurs.

そ〜

Je vous ai fait revoir l'autre jour une de vos anciennes connaissances, le marronnier d'Inde, cet arbre béni des enfants, qui se font de si beaux colliers en enfilant bout à bout

ses grosses graines luisantes, les marraines de
la nuance *marron*. Je vous présente aujourd'hui
un autre arbre que vous connaissez tout aussi
bien : vous le nommez *Acacia;* nous reviendrons tout à l'heure sur ce nom que je vous
conjurerai d'oublier.

Cet arbre peut atteindre jusqu'à vingt-cinq
mètres et plus ; sa tige, vieille, est couverte
d'une écorce sillonnée de rides profondes et
rugueuses ; sa feuille est *composée* de 5 à 10
paires de charmantes petites folioles ovales,
d'un vert tendre, et, en plus, d'une foliole
terminale ; une telle feuille porte le nom
d'*imparipennée*, ou *pennée avec impair;* les
botanistes l'ont ainsi nommée, parce qu'ils
ont comparé les folioles en question avec les
barbes d'une plume.

Les fleurs sont blanches, disposées en
grappes pendantes, très agréablement odo-
rantes. Analysons avec soin l'une d'elles, et
nous aurons un type nouveau, auquel vous
pourrez rapporter un très grand nombre de
nos espèces locales.

Le calice est formé de cinq pièces soudées,
indiquées par cinq dents aiguës terminant
supérieurement chacune d'elles ; il est *pubes-*

*cent*, c'est-à-dire couvert de poils fins et courts ; il a une forme ventrue.

La corolle est très irrégulière, composée de cinq pétales insérés à la base du calice ; cette corolle a reçu le nom de *papilionacée*, vu sa ressemblance, assez équivoque du reste, avec l'insecte connu sous le nom de papillon. Séparez les pièces qui composent cette singulière corolle : le pétale supérieur est plus grand que les autres : c'est l'*étendard ;* les deux pétales latéraux, symétriques entre eux, se ressemblent exactement : ce sont les *ailes;* les deux pétales inférieurs, également symétriques, soudés en une pièce unique, constituent la *carène*, ressemblant à la coque d'un navire ; telle est la corolle papilionacée.

જ્૭

Les étamines sont au nombre de dix : remarquez cette circonstance curieuse que neuf d'entre elles sont réunies en un seul faisceau et que la dixième est isolée ; des étamines ainsi disposées en deux groupes sont dites *diadelphes*. L'ovaire est unique; arrivé à maturité il forme un fruit allongé qui porte le nom de *gousse* ou de *légume;* le haricot vous en offre un autre exemple.

Notre fleur appartient à la famille des *Papilionacées ;* elle a une structure que vous ne pouvez oublier ; les plantes qui appartiennent à cette famille sont fort nombreuses ; avec un peu d'attention, vous n'aurez aucune peine à les distinguer.

৽৽

Arrivons au nom de notre arbre : c'est le *Robinia faux-acacia (Robinia pseudo-acacia)*. L'erreur commune le nomme *acacia ;* il ne faut plus que vous y tombiez, car d'autres arbres sont de véritables acacias, et il convient d'éviter les confusions de cette nature. Les botanistes connaissent plus de 300 espèces d'acacias, presque tous originaires des régions tropicales ; seules nos serres peuvent vous en offrir quelques échantillons.

Le Robinia nous vient de l'Amérique septentrionale ; depuis longtemps il est naturalisé en Europe. Son bois jaunâtre et dur est excellent ; les Anglais le préfèrent à tout autre pour cheviller leurs vaisseaux.

৽৽

Vous savez que cet arbre est un des plus charmants ornements de nos promenades ; savez-vous que ses fleurs sont sucrées, fort aimées de certains enfants, voire même de certaines grandes personnes, qui les font frire à l'huile, enveloppées ou non dans une pâte de beignet ? Ces mêmes fleurs sont parfois

employées pour faire des infusions calmantes.

L'écorce et la racine sont presque dangereuses ; elles provoquent des vomis-ements
sérieux et des convulsions ; on dit même que
des chevaux sont morts pour avoir rongé une
certaine quantité de cette écorce, qui contient une substance âcre, amère et très irri-
tante.

&c

Vous verrez dans nos jardins plusieurs Robinias à fleurs roses ; ils viennent presque
tous d'Amérique. Le plus répandu est le *Robinia hispide (Robinia hispida)*, originaire de
la Caroline.

Le doyen, le père peut-être, de tous les Robinias existant aujourd'hui en Europe, est à
Paris, au Jardin des Plantes ; c'est en l'année 1635 qu'il y fut planté par Vespasien
Robin, d'où le nom de *Robinia* donné à cet
arbre par Linné.

&c

Sans plus tarder, je vais mettre votre saga-
cité à l'épreuve : sur tous les gazons du Parc,
dans les cuvettes de l'avenue, partout où croît
de l'herbe, vous trouverez en grande abondance une modeste petite plante que tout le
monde connaît sous les noms de *Triolet*,

*petit trèfle blanc.* La voyez-vous bien humble
et toute charmante néanmoins, cachant sous
le gramen d'alentour ses jolies petites feuilles
à trois folioles et son capitule globuleux composé de quarante ou cinquante petites fleurs
blanches, portées chacune sur un petit pédoncule ? Remarquez-vous les plus inférieures
de ces fleurs, déjà jaunes, flétries et réflé-
chies sur la tige ? Prenez une de ces petites
fleurettes blanches ; analysez-la patiemment,
vous allez de suite reconnaître qu'elle appartient à la famille des *Papilionacées.* Vous
connaissez maintenant le Trèfle rampant
(*Trifolium repens*).

Cette plante privilégiée fleurit toute l'année ; vous la foulerez impunément aux pieds ;
sans s'inquiéter de vos outrages, pas plus que
de ceux qui lui seront infligés par la gelée, la
pluie ou la sécheresse, elle lèvera toujours sa
petite tête blanche pour affirmer envers et
contre tous son énergique puissance vitale ;
elle est l'ornement de nos gazons, et, en
même temps, un excellent fourrage.

Çà et là, dans les mêmes gazons, vous trouverez un autre trèfle, beaucoup plus développé dans toutes ses parties ; ses fleurs sont
d'un rouge-pourpre, réunies en une tête
ovoïde : c'est le *Trèfle des prés (Trifolium
pratense);* c'est celui de nos prairies artificielles, excellent pâturage pour les bestiaux,
excellent butinage pour les abeilles. Les

6

échantillons pour l'étude ne vous manqueront
pas.

Un autre trèfle est encore cultivé parfois
dans nos campagnes, plus encore dans celles
du Midi de la France ; vous le reconnaîtrez à
ses capitules non plus ovoïdes, mais fort allongés, à ses fleurs de couleur incarnat, à
son port, à ce point élégant, que cette jolie
plante pourrait être utilisée pour l'ornement
des jardins : c'est le *Trèfle incarnat (Trifolium incarnatum)*, le plus précoce de tous
les fourrages.

La Côte-d'Or produit une vingtaine d'espèces de trèfle ; c'est assez pour aujourd'hui
de vous en avoir fait connaître trois.

ବୈ

Je veux que vous n'oubliiez plus la famille
des Papilionacées ; étudiez donc bien les fleurs
qui la caractérisent ; mais il me vient une
réflexion. Je crains, d'une part, que vous ne
trouviez plus guère de Robinias en fleur ;
j'ai bien peur, d'autre part, que la fleur des
trèfles ne soit trop petite pour vos doigts et
vos yeux encore inexpérimentés : je dois donc
vous indiquer d'autres plantes ; choisissez
entre deux que vous rencontrerez à foison
dans la campagne et dans les jardins, entre
le *Haricot vulgaire* et le *Pois cultivé (Pha-*

*seolus vulgaris* et *Pisum sativum)* ; ces deux plantes, dont vous connaissez toute l'utilité, appartiennent à la famille que nous avons étudiée aujourd'hui ; leurs fleurs sont grosses et isolées ; leurs fruits vous sont bien connus. Ces indications ainsi données, ne pensez-vous pas que votre ignorance, désormais volon-taire, serait inexcusable ?

## V.

J'ai hàte d'en finir avec l'étude des classifications, tant il est utile que vous soyez fa-
miliarisés avec la langue botanique. Vous savez que chaque science a son langage propre,
technique ; si barbare qu'il semble au commun des mortels, il est nécessaire, indispensable. Les savants, il est vrai, l'ont bien souvent maladroitement compliqué, s'inquiétant
trop peu de *tout le monde*, et paraissant
s'enorgueillir sottement de posséder seuls la
clef d'une langue interdite aux profanes. Ce
n'est qu'une apparence ; leur bonne foi est
entière, mais ils se sont parfois trompés.
Cette concession faite, vous verrez que vous
serez forcés de m'accorder à votre tour qu'ils
ont obéi à la plus absolue nécessité, en sous-
trayant le langage scientifique à l'arbitraire
de la langue commune.

☙

Reportez-vous maintenant au tableau tracé dans notre dernière causerie : Pour ne vous rappeler que les dernières divisions qu'il vous présente, nous avons, dans les végétaux *Dicotylédonés bichlamydés*, distingué les *Thalamiflores*, les *Caliciflores* et les *Corolliflores ;* ces grands groupes sont appelés des *classes*.

S'il est vrai que toutes les plantes qui font partie d'une de ces classes, celle des Thalamiflores par exemple, ont des caractères communs d'une extrême importance, il faut reconnaître de suite, que, considérées sous un aspect moins général, elles doivent se diviser, *naturellement* toujours, en un certain nombre de groupes distincts les uns des autres ; obéissant à une habitude que je crois excellente, je m'explique par des exemples.

☙

Je fais appel à vos souvenirs récents : en vous décrivant le Robinia faux-acacia, les trèfles, le haricot, le pois, je vous ai fourni tous les caractères qui contraignent à grouper ensemble un très grand nombre de plantes de la classe des Thalamiflores ; souvenez-vous en effet de cette corolle papilionacée, de ces dix étamines diadelphes, de ce fruit sous forme de gousse.

En vous décrivant la Giroflée des murailles, je vous ai fait un tableau tout à fait différent ; vous voyez encore cette plante avec ses quatre pétales en croix, ses six étamines tétrady-names, sa silique, etc., tous caractères conformes et constants dans un grand nombre de plantes de la même classe des Thalami-flores.

N'est-il pas naturel, pour ne prendre que ces deux exemples qu'il serait facile de multiplier, de réunir en un même groupe toutes les plantes construites sur le plan du Robinia ; en un autre, toutes celles dont l'organisation ressemblera à celle de la Giroflée ?

C'est ce qu'ont fait les botanistes, en créant de nouveaux groupes auxquels ils ont donné le nom d'*ordres naturels* ou de *familles naturelles ;* c'est ainsi que j'ai pu vous dire : Le Robinia appartient à la *famille des Papilionacées ;* la Giroflée appartient à la *famille des Crucifères.*

※

C'est selon la même méthode naturelle que les zoologistes ont distingué dans la *classe* des *mammifères,* les *ordres naturels* des *bimanes,* des *quadrumanes,* des *carnassiers,* etc.; dans la *classe* des oiseaux, les *ordres naturels* des *coureurs,* des *oiseaux de proie,* des *passereaux,* etc.; dans la *classe* des *reptiles,* les *ordres naturels* des *chéloniens*, des *sauriens*, des *ophidiens*, etc.

Le nombre des familles végétales, pour les végétaux cotylédonés seulement, est de cent cinquante environ, en n'étudiant que les plantes qui croissent *spontanément* sur le sol de notre France.

ༀ

Ce mot *famille* est admirablement choisi ; toutes les Papilionacées, toutes les Crucifères ont en effet un air de famille ; elles se ressemblent assez pour qu'on puisse dire : la physionomie générale est la même, et cependant elles diffèrent trop pour qu'à chacune de ces plantes on puisse assigner un auteur commun. La même réflexion s'applique aux animaux : l'écureuil, la marmotte, le rat, le lièvre, etc., ont un tel *air de famille*, qu'il faut nécessairement les réunir en un groupe unique, l'ordre des rongeurs, et les séparer ainsi de tous les autres animaux porteurs de mammelles.

Malheureusement, les familles végétales ne sont pas toujours évidemment *naturelles*, et souvent, il convient de l'avouer, nos méthodes imparfaites ont réuni des êtres qui n'ont que des ressemblances contestables.

Vous savez ce que c'est qu'une famille ;

allons plus loin. Il y a des familles qui ren-
ferment un très grand nombre de plantes ;
celles des *Crucifères,* des *Papilionacées,* des
*Renonculacées* sont appelées *grandes familles;*
d'autres, au contraire, ne contiennent qu'un
nombre de plantes fort restreint : ce sont les
*petites familles ;* je vous citerai celle des
*Linées,* celle des *Tiliacées,* celle des *Géraniées.*
On a dû subdiviser les premières en *sous-
ordres* ou *tribus,* cela était inutile pour les
secondes ; je borne là mes indications sur la
*tribu,* qui, dans les classifications, n'a qu'une
importance relative, et je remets à samedi
prochain la suite de ces explications que vous
ne me permettez qu'à la condition que je n'en
abuserai pas.

ॐ

Revenons à nos plantes. Il en est une, bien
commune, aimée de tout le monde, à tous
les âges de la vie : c'est le *Pavot coquelicot*
(*Papaver Rhœas*).

Pas n'est besoin de vous dire où vous le
trouverez ; il a fait la joie de votre enfance ;
ses éclatantes couleurs vous le font encore
rechercher aujourd'hui pour composer ces
charmants bouquets champêtres, si gracieux
dans leur simplicité ; il orne vos coiffures,
Mesdames et Mesdemoiselles ; il charme les

7

regards de tous, mélangé aux bleuets des
moissons, aux pâquerettes des gazons.

⚬

Voulez-vous l'analyser ? Il a une tige
mince et droite, rameuse, toute parsemée de
poils assez rudes ; ses feuilles sont découpées, *pinnalifides*, disent les botanistes ; les
segments qui la composent, sont étroits,
presque linéaires, déchirés, dentés, tous
terminés par un poil ; le pédoncule est long,
penché au sommet tant que la fleur n'est
qu'à l'état de bouton, droit quand elle est
épanouie ; il est hérissé de longs poils fauves
et droits.

Le calice est à deux sépales également
hérissés, et de plus caducs comme dans la
Glaucière ; la corolle est à quatre grands pétales symétriquement disposés deux par
deux ; une tache noire se voit souvent à leur
onglet ; quelquefois ils sont bordés de blanc ;
toujours, en s'épanouissant, ils sont chiffon-
nés ; ainsi étaient-ils déjà dans le bouton ;
cette disposition spéciale est appelée la
*préfloraison chiffonnée*.

⚬

Les étamines sont très nombreuses, à filet
noir, à anthères d'un jaune fauve ; l'ovaire

est une *capsule* presque aussi large que
haute, *à peu près globuleuse*, disent la plupart des livres, quoique l'expression ne soit
pas parfaitement exacte ; il n'y a pas de
*styles*, et les *stigmates sessiles* s'étalent en
rayons sur le sommet de l'ovaire.

Le Coquelicot, quand il abonde dans les
céréales, fait le désespoir des cultivateurs.
Que voulez vous, on ne peut pas plaire à tout
le monde ! Nos horticulteurs s'en sont emparés : ils l'ont transformé en une plante à
fleur double, à pétales frangés de blanc, du
plus charmant effet.

L'infusion des fleurs de coquelicot est un
calmant, en raison de la faible proportion
d'opium que contiennent les pétales.

೪೮

Dans les champs, sur les pelouses, sur les
bords des chemins, dans les endroits incultes,
vous trouverez mélangés au Pavot coquelicot,
le *Pavot douteux (Papaver dubium)* et le *Pavot
argemone (Papaver argemone)* Ces deux dernières plantes diffèrent du Pavot coquelicot,
en ce que leurs fleurs sont beaucoup moins
grandes, et surtout en ce que l'ovaire, au lieu
d'être à peu près globuleux, est allongé et cy-
lyndrique. La capsule du Pavot douteux est
lisse, celle du Pavot argemone parsemée de
poils jaunes et rudes.

Je vous aurai signalé tous les Pavots qui
croissent spontanément dans notre Côte d'Or,
quand je vous aurai dit que vous pouvez encore trouver une quatrième espèce, dont l'o-
vaire, globuleux comme celui du coquelicot,
est hérissé de poils comme celui du Pavot argemone, c'est le *Pavot hybride (Papaver hybridum)*. Quoi qu'en disent les livres, cette
espèce est fort rare dans notre contrée.

Vous rencontrerez encore, échappé des
cultures ou des jardins, un cinquième Pavot
plus robuste que ses congénères, à larges
feuilles embrassantes d'un vert glauque, à
très grandes fleurs d'un blanc violacé ; son
fruit est cette énorme capsule globuleuse
que vous connaissez sous le nom de *Tête de
Pavot*.

Cette plante n'est pas indigène ; elle nous
vient de la Grèce et de l'Egypte ; c'est le
*Pavot somnifère (Papaver somniferum)*. Précieuse entre toutes, elle nous donne l'*Opium,*
cet admirable médicament à l'aide duquel
nous pouvons apaiser les plus atroces souf-
frances ; je vous ferai peut-être un jour
l'histoire de l'Opium, en étudiant certains
produits contenus dans des tubes particuliers
qu'on appelle les *vaisseaux laticifères*.

Le Pavot somnifère produit encore l'huile d'œillette, tirée de ses graines ; ces mêmes graines étaient employées dans l'antiquité pour assaisonner des gâteaux fabriqués avec du miel ; les Italiens et les Allemands d'aujourd'hui mêlent encore ces graines torréfiées à certaines friandises.

Ces cinq Pavots ne risquent-ils pas de porter le trouble dans vos esprits ; êtes-vous bien sûrs de les distinguer les uns des autres ? Je viens à votre secours à l'aide du tableau suivant, qui ne vous permettra jamais de tomber dans l'erreur.

1 { Capsule globuleuse, ovale . . . .     2
  { Capsule oblongue, cylindrique . . .    4

2 { Capsule hérissée de poils . . . . *Pavot hybride.*
  { Capsule lisse . . . . . . . .    3

3 { Plante couverte de poils. . . . . *Pavot coquelicot.*
  { Plante non couverte de poils. . . . *Pavot somnifère*.

4 { Capsule hérissée de poils. . . . . *Pavot argemone.*
  { Capsule lisse . . . . . . . . *Pavot douteux.*

Un tableau ainsi formé est appelé *dichotomique;* un pavot quelconque étant donné, sa description répondra à l'un des deux termes répondant à l'accolade n° 1 ; il faut alors se transporter soit au n° 2 soit au

n° 4 ; là encore, il y aura à choisir entre
deux termes ; rien de plus facile que d'arriver ainsi au nom du pavot en question.

୨୯

Nous avons bien peu à faire pour que vous
connaissiez toutes les plantes de la famille
des Papavéracées, qui croissent dans nos environs. Vous venez de voir les Pavots ; dans
un précédent entretien vous avez appris à
connaître la Glaucière ; une seule plante
vous manque, c'est la *grande Chélidoine*,
(*Chelidonium majus*) appelée encore *Eclair*.
Vous la trouverez partout, sur les bords des
chemins, les talus, les gazons, les vieux
murs ; elle fleurit toute l'année.

La tige est d'un vert glauque, légèrement
pileuse ; les feuilles inégalement lobées, sont
vertes en dessus, glauques en dessous ; la
fleur rappelle celle de la glaucière ; infiniment plus petite, elle a comme elle un calice
à deux sépales, une corolle jaune à quatre
pétales, un fruit allongé en forme de silique ; elle en diffère par son inflorescence en
ombelle.

La tige et les feuilles sont gorgées d'un
liquide visqueux, jaunâtre, nauséeux, corro-
sif ; il laisse sur les doigts des taches per-
sistantes : on s'est servi de ce suc pour faire
disparaître les verrues. Ne jouez pas avec

lui ; il est un poison irritant, qui, à la dose de moins de 80 grammes, tuerait un chien de moyenne taille.

La Chélidoine est un médicament peu employé ; elle peut cependant rendre de grands services ; en l'absence de tout purgatif, à la campagne par exemple, un médecin, habile à manier le suc de la chélidoine, pourrait l'employer sans danger.

Vous connaissez tout entière la famille des Papavéracées bourguignonnes.

ᏋᏟ

Je ne puis terminer sans m'accuser d'une faute lourde, par moi commise dans notre dernière causerie ; un ami charitable m'a heureusement averti, et s'il est vrai de dire que péché avoué est à moitié pardonné, ne voudrez-vous pas que faute réparée soit tout à fait oubliée? C'est dans cet espoir en votre bienveillance que je me hâte de faire la rectification suivante.

Il n'est pas exact de dire que la classe des Caliciflores ne renferme que des plantes à corolle polypétale; plusieurs familles de ce groupe portent en effet des fleurs à pétales soudés, des fleurs à corolle *monopétale* ou mieux *gamopétale ;* je me venge de mon humiliation en vous infligeant un mot nou-

veau ; le mot de gamopétale veut dire *à pétales soudés;* il faut le préférer au mot *monopétale* qui n'exprime pas ce qu'on doit
exiger de lui, qui même implique l'idée
fausse d'un pétale unique.

Puisque j'ai été si loin, je ne puis m'arrêter en si beau chemin et je terminerai en
vous disant : En bonne logique, il faut aussi
préférer au mot *polypétale*, le mot *dialypétale*,
qui veut dire *à pétales distincts.*

# VI

Voilà bien peu de temps que nous causons ensemble, et déjà vous ne vous étonnez plus d'entendre dire qu'il y a des *familles végétales;* peut être même satisfait elle votre esprit, cette ingénieuse comparaison avec les familles de l'homme vivant en société. Il ne faut pourtant pas en exagérer la portée, ni la prendre au pied de la lettre ; ne lui donnez pas d'autre valeur que celle qui appartient à une image de rhétorique Reprenons maintenant notre étude au point où nous l'avons laissée.

❧

L'organisation générale du pois, du haricot, ressemble à celle de la fève, de la lentille, de la luzerne, du trèfle, du sainfoin, etc. etc.; toutes ces plantes, en effet, et bien d'autres encore, appartiennent à la grande famille des Papilionacées. Mais à côté des caractères généraux identiques qui font toutes ces plantes membres d'une même famille, vous trouverez des caractères d'une certaine importance, qui nécessiteront de nouveaux groupements ; ces subdivisions se nomment des *genres*, et on appelle *caractères génériques*, ceux sur lesquels on s'est fondé pour établir les genres ; ainsi, nous aurons les genres pois, haricot, fève, lentille, luzerne, trèfle, sainfoin, etc.; (*Pisum, Phaseolus, Faba, Lens, Medicago, Trifolium, Onobrychis*), etc. etc.

Rappelez-vous la petite famille des Papavéracées ; elle sera constituée par les genres *Papaver, Glaucium* et *Chelidonium*.

ॐ

Il est difficile, presque impossible, de donner la définition du *genre ;* il est cependant facile à comprendre ; je vais essayer de vous y aider en faisant une excursion dans le règne animal.

Prenons pour exemple l'ordre naturel des carnivores ; je vous cite mélangés au hasard des animaux que vous connaissez : le tigre, le renard, le chat, le loup, le lion, le léopard, le chacal, la panthère, le chien. Vous n'hésiterez pas à reconnaître que ces différents carnivores doivent se diviser en deux groupes : dans l'un, vous placerez le chien, le renard,

le loup, le chacal; dans l'autre, vous réunirez
le chat, le tigre, le lion, la panthère, le léopard ; c'est précisément ce qu'ont fait les
zoologistes en créant deux genres : le genre
*chien* (*canis*) et le genre *chat* (*felis*); le chien,
le renard, le loup, le chacal, appartiennent
au genre *canis;* le chat, le tigre, le lion, la
panthère, le léopard, appartiennent au genre
*felis.*

જ્જ

Du *genre* à l'*espèce*, il n'y a qu'un pas;
franchissons-le. Toutes les plantes qui constituent un genre étant données, certains caractères permettront, commanderont même de
nouvelles subdivisions. Dans un précédent
entretien, vous avez appris à connaître les
différentes espèces du genre *Papaver ;* vous
connaissez également plusieurs espèces du
genre *Trifolium*, du genre *Ranunculus.* Tous
les *Papaver* ont leurs *stigmates* étalés en
étoile sur le sommet de l'ovaire : c'est là un
*caractère générique;* seul, le *Papaver argemone* a un ovaire allongé, hérissé de poils :
c'est là un caractère *spécifique.* Tous les *Ranunculus* ont cinq sépales, cinq pétales, des
étamines nombreuses et des carpelles prolongés en bec, tels sont les caractères génériques ; seul, le *Ranunculus bulbosus* a une

racine bulbeuse en même temps que le calice
réfracté : tels sont les caractères spécifiques.

ॐ

Le nom du genre vient le premier ; suit
immédiatement le nom de l'espèce, qui, le
plus souvent, est un adjectif qualificatif; ainsi
dites-vous, le *Geranium Robertianum*, le *Salvia pratensis*.

De même, pour revenir aux animaux, vous
aurez le *chien domestique* (*canis familiaris*),
le *chien renard* (*canis vulpes*), le *chien loup*
(*canis lupus*), le *chat domestique* (*felis catus*),
le *chat lion* (*felis leo*), le *chat tigre* (*felis
tigris*), etc., etc.

L'*Espèce* est moins difficile à définir que
le *Genre*, et cependant il n'est pas encore aisé
de trouver une définition complètement satis-
faisante ; je n'en veux pour preuves que les
interminables disputes des naturalistes, et
les gros volumes indigestes qu'ils ont écrits
sur ce sujet. S'il est de mon devoir de vous
épargner les ennuis d'une stérile discussion,
je vous dois cependant une définition, et je
vous propose celle de Cuvier :

« L'espèce est la réunion des individus des-
» cendus l'un de l'autre ou de parents com-
» muns, et de ceux qui leur ressemblent,
» autant qu'ils se ressemblent entre eux. »

C'est à peu près ce qu'on a trouvé de mieux
à dire; mais je ne vous cache pas que cette
formule alambiquée ne me satisfait que fort
médiocrement. Le grand critérium de l'espèce, pour moi comme pour Flourens, est
que tous les individus la constituant, devront
reproduire. d'une manière fixe et permanente,
des êtres identiques à eux-mêmes.

೭ఄ

L'espèce n'est donc autre chose que la col-
lection de toutes les plantes qui se ressemblent assez parfaitement pour qu'il ne soit
plus possible d'arriver à une nouvelle division
fondée sur des caractères différentiels sérieux ;
chacune de ces plantes, isolément considérée,
est un *individu*.

Pour certaines espèces, cependant, une
nouvelle subdivision a encore été adoptée ; je
dois vous la faire connaître.

೭ఄ

Venez au Jardin botanique ; vous verrez,
soit dans les carrés de l'école, soit dans les
plates bandes réservées aux plantes ornementales, la *Fraxinelle (Diclamnus fraxi-
nella)*, qui croît du reste spontanement sur
les coteaux au-delà du Val Suzon. Certains
pieds portent des fleurs roses, d'autres des

fleurs parfaitement blanches ; ce sont deux *variétés* d'une même espèce.

Dans les champs, vous trouverez fort commune une petite plante de la famille des *Primulacées*, l'*Anagallis des champs (Anagallis arvensis)*, ou Faux-Mouron ; un certain nombre d'individus portent des fleurs rouges, d'autres des fleurs bleues ; ce sont deux *variétés*.

Il est un *Ranunculus* fort commun dans les moissons et dont les carpelles aplatis sont hérissés de fortes épines : c'est la *Renoncule des champs (Ranunculus arvensis)* Des contrees entières produisent une variété de cette plante, dont les carpelles sont absolument lisses : c'est la variété *inermis*.

Pourquoi, me direz-vous, sont-ce là des variétés et non de nouvelles espèces? Voici : les caractères différentiels dont il s'agit, n'ont qu'une médiocre importance : c'est une première raison ; la seconde, qui vaut mieux, est que les caractères de la *variété* manquent de cette fixité, de cette permanence, que nous avons dit appartenir à l'espèce. La preuve en est que deux graines sorties d'une même fleur, pourront donner deux variétés différentes, et qu'une graine provenant, par exemple, de la variété rose de la Fraxinelle, pourra donner une plante à fleurs blanches.

Munis de ces notions élémentaires sur la classification des végétaux, vous marcherez

d'un pas plus assuré dans les sentiers fleuris
que nous parcourrons ensemble.

☙

La Côte-d'Or possède une vingtaine d'espèces de Renoncules, et vous n'en connaissez
encore que trois ; j'ai prononcé le nom du
*Ranunculus arvensis;* profitons-en pour l'é-
tudier.

Il se distingue de ses congénères par l'ensemble des caractères suivants : Tige ne dé-
passant guère deux ou trois décimètres, à
peine munie de quelques poils très fins ;
fleurs petites, d'un jaune pâle ; sépales étalés ; carpelles au nombre de huit au plus, fort
grands, ovales, aplatis et hérissés sur leurs
deux faces de grands et nombreux aiguillons,
quelquefois de simples tubercules.

La Renoncule des champs croît dans les
endroits cultivés ; vous trouverez en grande
abondance la variété *inermis* dans les cultures qui environnent le village de Mâlain.

☙

Je vous mets en garde contre une erreur
que vous pourriez facilement commettre ; il
existe encore une autre renoncule dont les
carpelles sont hérissés d'aiguillons, ou tout
au moins de tubercules plus ou moins sail-

lants : c'est la *Renoncule des mares* (*Ranunculus philonotis*). Vous la distinguerez facilement de la précédente à ses carpelles fort
nombreux, et à ses sépales refractés comme
ceux du *Ranunculus bulbosus*. La Renoncule
des mares se trouve en grande abondance
dans les campagnes humides des bords de la
Saône ; elle est commune à Citeaux et à Au-
xonne ; vous pouvez du reste la rencontrer
dans tous les endroits inondes.

Ces deux Renoncules sont funestes aux
champs qu'elles infestent ; leur extrême âcreté
rend malades les troupeaux qui les broutent.

∾

J'aurais voulu vous décrire la Fraxinelle ;
hélas ! sa fleur est passée ; ce sera pour l'année prochaine.

J'ai cité l'*Anagallis des champs* (*Anagallis
arvensis*); le genre Anagallis appartient à la
famille des *Primulacées* que vous ne connaissez pas encore. Notre Anagallis est une
toute petite plante, molle, étalée sur le sol,
relevant à peine quelques-uns de ses débiles
rameaux ; il a les feuilles opposées, entières ;
ses fleurs naissent à l'aisselle des feuilles, solitaires et opposées comme elles. Le calice est
à cinq sépales verts, aigus, soudés à la base,
la corolle a cinq pétales rouges ou bleus, éga-

lement soudés à la base et constituant cette
variété de corolle à laquelle on a donné le
nom de *rotacée*, ou en roue ; les étamines
sont au nombre de cinq, insérées à la base
des pétales ; le fruit est une capsule qui s'ouvre à la maturité au moyen d'un opercule
semblable au bouchon qui servirait à fermer
une boîte sphérique ; une capsule ainsi conformée, porte le nom de *pyxide*.

Cette charmante petite plante, qui fleurit à
peu près toute l'année, et qui est très commune dans toutes les contrées européennes,
ne doit pas être confondue avec le véritable
*Mouron des oiseaux ;* on prétend même —
je ne sais si le fait est exact — qu'elle serait
pour eux un véritable poison.

⚕

Pour éviter la confusion qui pourrait se
faire dans vos esprits, je décris immédiatement le *Mouron des oiseaux*, le *Mouron blanc*,
(*Stellaria media*).

Comme la précédente, cette plante croît
toute l'année ; même en hiver, elle épanouit
encore ses fleurettes dans les champs blanchis
par les frimas.

Ses tiges sont très nombreuses, diffusé-
ment étalées sur le sol, très remarquables par
la présence d'une *ligne de poils* qui les par-
court dans toute leur longueur. Les feuilles

sont ovales, opposées ; les fleurs sont blanches, petites, solitaires, portées sur de longs
pédoncules ; le calice est à cinq sépales *distincts*, la corolle à cinq pétales également
distincts et profondément divisés en deux
lobes ; les étamines sont au nombre de dix,
et le fruit est une capsule qui s'ouvre à la
maturité en six valves latérales. Le *Stellaria
media* appartient à la famille des *Caryophyllées*.

Tous les petits oiseaux sont friands de cette
plante, qui, outre qu'elle croît toute l'année,
est répandue avec profusion sur la presque
totalité de la surface du globe. Les bestiaux
la recherchent également. Elle ne nuit pas
aux cultures, loin de là ; vivante, elle entre-
tient l'humidité du sol, fait office de *paillis ;*
morte, elle le fertilise en se transformant en
engrais.

☙

Je termine par le *Liseron des champs (Convolvulus arvensis);* c'est un vrai bijou que
cette plante aux tiges nombreuses, s'étalant
sur le sol, ou s'accrochant en élégantes spi-
rales aux végétaux qui l'environnent ; ses
feuilles sont *hastées* comme le fer d'une hal-
lebarde ; délicieuse est sa fleur, rose, blanche
ou purpurine, le plus souvent merveilleusement panachée ; son calice est *gamosépale* (je

prétends vous familiariser avec les mots que
je vous ai fait connaître), à cinq pièces arron-
dies ; sa corolle est *gamopétale;* les cinq pétales soudés qui la constituent, sont décelés
par la présence de cinq plis ; son fruit est
une capsule qui *se déchire* à la maturité.

Inutile de vous dire que le genre *Convolvulus* est le type de la famille des *Convolvula-
cées.*

એ∞

Le Liseron des champs s'appelle encore
*petit liseron, petit liset, campanette;* tout
charmant qu'il soit, il est honni par les cultivateurs et par les horticulteurs qui détes-
tent ses mœurs envahissantes et son entête-
ment à se multiplier, si peu que le plus
menu brin de sa tige souterraine échappe à
leur investigation ; les bestiaux le recherchent ; ses feuilles sont avidement dévorées
par les papillons de nuit connus sous le nom
de *sphinx.*

એ∞

Vous cultivez tous sous le nom de Liseron
une plante grimpante aux éclatantes couleurs ; c'est le *volubilis,* qui appartient à un
genre voisin : votre plante est l'*Ipomœa pur-
purea*, originaire de l'Amérique méridio-

nale ; vous ne confondrez pas le genre *ipomœa* avec le genre *convolvulus*, en vous rappelant que dans le premier, l'ovaire est à trois
ou quatre loges, tandis que dans le second il
est à deux loges seulement ; que dans le premier, le stigmate forme une tête granuleuse,
que dans le second, ce même stigmate se di-
vise en deux cornes allongées.

# VII

Vos connaissances en matière de classification vous permettent maintenant de comprendre, sans le moindre effort, les règles
qui président à la *nomenclature botanique,*
c'est-à-dire les règles selon lesquelles il est
possible de donner à chacune des innom-
brables plantes qui croissent autour de nous,
*un nom* qui la distingue de toutes les
autres.

༝༙

Jusqu'à Linné, le célèbre botaniste suédois,
ce n'était que désordre et confusion ; j'ouvre
au hasard le magnifique ouvrage de Tournefort (*Institutiones rei herbariæ,* Paris, 1719),
et je tombe précisément sur la description
des *Papaver ;* voulez-vous savoir comment,
en l'absence de cette nomenclature, qui nous
est si précieuse, il est obligé de nommer les
Pavots que nous connaissons ; pour lui, le
Pavot somnifère est le *Pavot des jardins à*

*graine blanche* (*Papaver hortense, semine
albo*); le Pavot coquelicot s'appelle *Pavot
errant, plus grand que les autres* (*Papaver
erraticum, majus*); le Pavot hybride est le
*Pavot errant, à tête oblongue, hispide* (*Papa·
ver erraticum, capite oblongo, hispido*),
etc., etc.

☙

Inutile d'aller plus loin, n'est-il pas vrai ?
Des noms de plantes, qui sont des phrases
tout entières, sont inacceptables, et vous
pouvez vous imaginer avec quel enthousiasme
fut acceptée la nomenclature linnéenne, qui
remplace chacune de ces phrases — et il y en
a de beaucoup plus longues — par deux mots,
et vous dit : *Papaver somniferum, Papaver
rhœas, Papaver hybridum.*

Voyons maintenant quels sont les principes
fondamentaux de la *nomenclature linnéenne,*
qu'on a appelée aussi *nomenclature binaire,*
précisément par cette raison qu'il suffit de
deux mots pour dénommer quelque plante
que ce soit.

☙

J'ai tout d'abord à vous dire pourquoi on
a adopté la *langue latine.* C'est qu'elle est la
langue universelle, la seule connue par les

hommes de toutes les nations, qui ont reçu le bienfait d'une éducation libérale ; ce sont ces hommes, en effet, qui s'adonnent aux études scientifiques, et qui, au moyen de continuelles relations, font progresser les connaissances humaines. Il fallait une langue commune aux Français, aux Anglais, aux Allemands, aux Russes, aux Italiens, aux Suédois, etc., etc., pour qu'ils pussent se comprendre sans être polyglottes ; la langue latine était la seule qui pût leur rendre ce service. Un exemple : mes fonctions m'obligent à correspondre avec les directeurs des Jardins botaniques du monde entier ; j'échange des graines non seulement avec les nations européennes, mais encore avec l'Inde, le Japon, les deux Amériques, l'Australie, etc. Quel serait mon embarras, si je n'avais le latin comme moyen commun de ces incessantes relations !

ಎಲ

A mes lectrices (car c'est surtout à elles que je dois ces explications), je dirai encore que la langue latine n'est barbare que pour ceux qui ne la connaissent pas ; aucune n'est plus charmante et plus euphonique ; mieux que toute langue vivante, elle se prête à une exacte concision ; un seul mot latin en dit

souvent plus que trois ou quatre mots français péniblement accouplés.

⚬

Ceci dit, il faut aussi faire une pénible con-
fession. Certains savants ont abusé du latin
et l'ont torturé ; mus par je ne sais quelle
sotte gloriole, ils ont voulu se faire la politesse réciproque de latiniser leurs noms, et
Dieu sait si quelques-uns d'entre eux se
révoltent contre cette audacieuse tentative !
Ainsi avons-nous l'*Erysimum Petroffskianum*,
l'*Achyranthes Verschaffeltii*, le *Canna Wars-
cewiczii*, le *Browallia Czerwiakowskii* et grand
nombre de noms tout aussi agréables à entendre et à prononcer. Il ne faut pas hésiter
à déplorer ce dévergondage, qui prend chaque
jour les plus effrayantes proportions.

⚬

Il est encore un autre abus dont les savants ne sont pas coupables ; s'il se généra-
lisait, c'en serait fait de la nomenclature
botanique et des progrès qu'elle a réalisés : cet
abus est le fait des jardiniers et des mar-
chands, qui, sans souci de règles qu'ils igno-
rent, et outrageant une langue qu'ils ne com-
prennent pas, étalent dans leurs catalogues,

dans leurs réclames, et jusque dans des livres
qui ne manquent pas de mérite, le langage le
plus hétéroclite qu'on puisse imaginer. De
savants horticulteurs se laissent aller à les
imiter : c'est une tendance fâcheuse ; qu'ils
laissent écorcher le latin aux pauvres diables
qui s'en servent sans le comprendre, — ce
qu'il n'est au pouvoir de personne d'empêcher — mais qu'eux, au moins, le respec-
tent, s'ils ne veulent pas que ce cri s'élève :
*Chassons les vendeurs du temple !*

ᘓᘉ

Assez de nomenclature pour aujourd'hui,
revenons à nos fleurs.

Nous avons étudié le *Liseron des champs*
(*Convolvulus arvensis*); étudions aujourd'hui
le *Liseron des haies* (*Convolvulus sepium*).

Il est vivace comme le premier ; sa tige est
volubile, grêle, atteignant souvent plusieurs
mètres de hauteur ; ses larges feuilles, portées sur de longs pétioles, sont *en cœur* à la
base ; ses grandes et magnifiques fleurs blanches sont portées sur de longs pédoncules
légèrement spiralés.

ᘓᘉ

A première vue, notre fleur paraît avoir
deux calices : le premier, plus extérieur, com-

10

posé de deux pièces distinctes ; le second, d'un
blanc verdâtre, constitué par cinq sépales
soudés. Il n'en est rien : les deux premières
pièces, opposées l'une à l'autre, *cordiformes*
à la base, sont deux *bractées*, deux feuilles
modifiées ; regardez de près : un léger inter-
valle les sépare de la base de la fleur.

La corolle est très grande, d'un blanc pur,
à cinq pétales soudés ; les étamines sont au
nombre de cinq ; le pistil ressemble à celui
du liseron des champs.

⚜

Le Liseron des haies est commun ; il fleurit toute l'année sur les haies de nos campagnes. Comme celles du Liseron des champs,
ses tiges souterraines, blanchâtres, sont envahissantes et indestructibles ; le plus sûr
moyen d'en venir à bout consisterait à les
livrer en pâture aux porcs, pour lesquels elles
sont une véritable friandise.

Nos deux Liserons produisent un suc doué
de propriétés purgatives analogues à celles des
médicaments résineux connus sous les noms
de *Scammonée* et de *Jalap ;* à cela, du reste,
rien de surprenant, ces deux produits provenant de deux Liserons exotiques, le *Convolvulus jalapa*, de la Vera-Cruz, et le *Convolvulus scammonia*, de Syrie.

Si vous ne craignez pas de ne plus pouvoir

vous en débarrasser, rien ne vous sera plus
faeile que de cultiver chez vous le Liseron des
haies.

ʕ̈

Un troisième et dernier liseron croît encore
spontanément dans notre département : c'est
le *Liseron de Biscaye* (*Convolvulus cantabrica*).
Vous le distinguerez des deux autres àʃsa tige
raide, non volubile, à ses feuilles étroites,
lancéolées, linéaires, fort éloignées les unes
des autres, à toutes ses parties vertes parsemées de poils blanchâtres ; sa corolle, d'un
beau rose, a quelque ressemblance avec celle
du Liseron des champs.

Le Liseron de Biscaye est loin d'être
commun ; c'est dans les bois de la Côte qu'il
faut aller le chercher ; les échantillons que je
possède en herbier viennent de Meursault,
de Monthélie, de Saint-Romain et de Chas-
sagne.

Le beau Liseron bleu panaché de blanc et
de jaune que nos jardiniers cultivent sous le
nom de *Belle de jour*, est le *Convolvulus tricolor*, originaire d'Espagne et d'Italie.

ʕ̈

Renouvelons connaissance avec la famille
des Papilionacées : un charmant arbrisseau
nous offre aujourd'hui son feuillage, ses

fleurs et ses fruits, ses fruits surtout, délicieuses petites *tapettes*, la joie des petits enfants, et, le dirai-je, quelquefois aussi des
grandes jeunes filles. N'avez-vous pas deviné
que je veux vous parler du *Baguenaudier*, qui
fait l'ornement de nos bosquets.

C'est un arbrisseau qui peut atteindre trois
ou quatre mètres de hauteur ; comme celle
du Robinia, sa feuille est imparipennée, composée de 9 à 11 folioles, ovales, échancrées au
sommet ; les fleurs sont disposées en grappes
discrètes, d'un beau jaune doré ; son fruit remarquable est une énorme gousse en forme
de vessie remplie d'air. Je n'ai pas à vous
apprendre qu'en la comprimant brusquement, elle éclate avec bruit. « Cet amuse-
ment, dit un auteur moderne, a fait donner
à ces plantes le nom de *Baguenaudier*, du
vieux mot français *Baguenauder* ou niaiser. »

* *
*

Le *Baguenaudier arbre* (*Colutea arborescens*) a généralement deux floraisons, l'une
en mai, la seconde en juillet ; c'est donc une
plante précieuse pour l'étude, puisqu'elle
porte presque en tout temps des fleurs et des
fruits ; on l'a appelée *Faux-Séné*, sous pré-
texte de propriétés purgatives à peu près ima-
ginaires.

Ce charmant arbrisseau croît spontané-

ment dans nos bois montueux ; on le trouve
à Notre-Dame-d'Etang, et dans beaucoup
d'autres coteaux de la vallée de l'Ouche ; je
l'ai rencontré très abondant dans les bois du
vallon de la Fontaine-Froide, entre Bouilland
et Savigny-sous-Beaune.

ᘕ

Profitons de notre excursion dans les bois
de nos montagnes, pour étudier queques-unes
de nos nombreuses espèces de trèfle.

Vous y rencontrerez presque partout trois
espèces à fleurs rouges : le *Trèfle rouge (Trifolium rubens)*, le *Trèfle intermédiaire (Trifolium medium)* et le *Trèfle alpestre (Trifolium alpestre)*.

Le *Trèfle rouge* se distingue des deux autres
par son capitule cylindrique, très allongé,
mesurant jusqu'à 7 à 8 centimètres de longueur.

Le *Trèfle alpestre* se distingue du *Trèfle intermédiaire*, par ses tiges raides, dressées,
toujours simples, par son calice muni de 20
nervures, par ses folioles coriaces et lancéolées. Les trois espèces sont un excellent pâturage. A Marsannay, à Fixin, à Gevrey, tout
le long de la Côte ; au côté nord de Dijon, sur
les coteaux qui bordent la vallée de l'Ouche,
vous pourrez rencontrer nos trois plantes.

ᘕ

Deux espèces à fleurs blanches croissent encore dans les mêmes localités : ce sont le *Trèfle couleur d'ocre (Trifolium ochroleucum)* et le *Trèfle de montagne (Trifolium montanum)*.

Le *Trèfle couleur d'ocre* porte des capitules ovales formés de fleurs jaunâtres, qui restent dressées après la floraison ; ses tiges sont un peu couchées à la base ; ses feuilles sont molles et entières.

Le *Trèfle de montagne* porte des capitules globuleux, plus petits que les précédents, composés de fleurs plus petites, d'un blanc sale, qui se réfléchissent après la floraison ; ses tiges sont raides et dressées ; ses feuilles coriaces et dentées.

C'est assez, c'est peut-être trop de trèfles pour aujourd'hui ; nous en avons tant à étudier, qu'il faut bien aborder de temps à autre cet affreux genre qui fait le désespoir des commençants ; je soulagerai plus tard votre mémoire en dressant un tableau dichotomique de toutes nos espèces bourguignonnes.

༺༒༻

Terminons par une plante vulgaire, que vous trouverez partout, et qui fleurit tout l'été.

Sa tige est élevée de 40 à 60 centimètres, dressée, robuste, cylindrique, rudement velue, chargée de tubercules brunâtres ; ses feuilles sans pétiole *(sessiles)* sont allongées, étroites et velues; à mesure qu'elles atteignent le sommet de la plante, elles deviennent plus petites, et de leur aisselle sort un épi *scorpioïde* de fleurs d'un beau bleu violet.

La plante que nous étudions appartient à une famille dont nous ne connaissons encore aucun représentant; étudions donc sa fleur avec attention.

ϾϹ

Le calice est gamosépale, composé de cinq pièces vertes, linéaires, aiguës, chargées de longs poils blancs, et soudées à la base. La corolle est gamopétale, composée de cinq pièces inégales, nettement accusées par la présence de cinq lobes; son limbe est dit *subbilabié*, rappelant la disposition en deux lèvres des corolles de la famille des Labiées ; l'inégalité de ses lobes lui donne un aspect tronqué. Les étamines sont au nombre de cinq, insérées sur le tube de la corolle, à longs filets inégaux, saillantes au dehors ; le pistil est formé par quatre carpelles fortement rugueux.

ϾϹ

Utilisez maintenant vos connaissances acquises : la plante que nous venons d'étudier

appartient à l'embranchement des Dicotylédonées, à la classe des Corolliflores ; elle fait
partie de la famille des *Borraginées* : c'est
la *Vipérine commune (Echium vulgare.)*

La fleur de la Vipérine est fort goûtée des
abeilles ; peu usitée en médecine, la plante
tout entière possède les propriétés émol-
lientes, sudorifiques et diurétiques de la Bour-
rache.

## VIII

J'ai commencé à vous exposer les principes sur. lesquels repose la nomenclature
botanique, en vous indiquant les raisons dé-
terminantes de l'emploi de la langue latine ;
je continue.

Une plante quelconque étant donnée, elle a
deux noms auxquels correspondent nécessairement deux mots : le premier vous ap-
prend à quel *genre,* le second à quelle *espèce,*
la plante appartient ; le premier est un nom
*générique,* le second un nom *spécifique ;*
le premier est toujours un substantif, le
second un adjectif ou un substantif pris
adjectivement.

ುಲ

Vous remarquerez que ce mode de procé-
der est analogue à celui dont on s'est servi
pour dénommer les différents individus qui
constituent la famille humaine ; le nom géné-

rique correspond à notre nom de famille, le
nom spécifique à notre prénom, ou *petit
nom,* comme disent les enfants, et de même
qu'on dit *Bernard de Jussieu, Antoine de
Jussieu, Adrien de Jussieu,* on dit *Ranunculus
arvensis, Ranunculus bulbosus, Ranunculus
repens ;* la seule différence consiste dans l'in-
terversion de la *qualité* des noms.

Quand une *espèce* renferme plusieurs variétés, un troisième nom devient nécessaire ;
rappelez-vous l'Anagallis des champs *(Anagallis arvensis),* qui peut porter. soit des
fleurs rouges soit des fleurs bleues ; vous
direz, pour distinguer les deux variétés :
*Anagallis arvensis, phœnicœa,* et *Anagallis
arvensis, cœrulœa.*

ᕉᕽ

Je vous dois encore l'explication d'une
particularité qui a dû vous frapper toutes les
fois qu'il vous est arrivé d'ouvrir une *Flore :*
vous avez dû voir que tous les noms de
plantes sont suivis d'une ou de plusieurs
lettres, suivies elles-mêmes d'un point ou
d'une virgule ; ouvrez par exemple la flore
française de Grenier et Godron. et vous lirez :
*Ranunculus acris. L., Ranunculus philonotis.
Retz., Stellaria media. Vill.* Cela signifie que
ces trois noms ont été donnés aux plantes

dont il s'agit par Linné, par Retzius et par
Villars. L'utilité de cette pratique est incon-
testable ; en voici les raisons.

Il arrive que divers botanistes donnent le
même nom à deux plantes différentes ; si
vous ne prenez pas la précaution indiquée
plus haut, une confusion sera inévitable. Je
cite un exemple : deux espèces du genre
*Erysimum* de la famille des crucifères, l'une
croissant aux environs de Paris, l'autre ne se
trouvant guère que dans le midi de la France,
ont reçu le même nom de deux botanistes
différents : Lejeune appelle *Erysimum virga-*
*tum* la plante parisienne ; Roth appelle aussi
*Erysimum virgatum* la plante méridionale ;
si vous écrivez *Erysimum virgatum. Lej.*,
j'éviterai la confusion ; je l'éviterai plus sûrement encore, si vous prenez la précaution
d'écrire *Erysimum virgatum. Lej. non Roth.*

D'autres raisons encore imposent cette indication du botaniste, auteur de la dénomination des plantes ; elles résident dans la
*synonymie.* Ouvrez la *Flore française*, et, pré-
cédant la description d'une plante que vous
connaissez, vous lirez les lignes suivantes :

GLAUCIUM LUTEUM, *Scop ; Lois ; Mut ; Gaertn ; Rchb ; Glaucium flavum, Crantz; Dub ; Glaucium fulvum, Lois ; Chelidonium glaucium, L ; DC ; Dod.*

Déchiffrons ce langage hiéroglyphique : cela signifie simplement que le premier nom, celui adopté par les auteurs de l'ouvrage, a été donné à la *Glaucière* par les botanistes *Scopoli, Loisel, Mutel, Gaertner* et *Reichenbach ;* le second, par *Crantz* et *Duby* ; le troisième, par *Loisel ;* le quatrième, par *Linné,* de *Candolle, Dodart.*

S'il est permis de déplorer cet abus des synonymes, il est impossible de l'empêcher ; on ne peut en pallier les inconvénients qu'en établissant une synonymie précise, semblable à celle dont je viens de vous donner un exemple.

Armés de tous ces renseignements que vous débrouillerez petit à petit, vous pourrez lire facilement dans les *Flores.*

❦

Profitons des chaudes journées de juillet pour diriger notre promenade vers les bords de l'Ouche ; l'eau a ses plantes à elle, qui méritent bien de fixer votre attention. Une splendide entre toutes attirera tout d'abord vos regards, c'est le *Nénuphar jaune* (*Nuphar luteum*). Elle étale à la surface de l'eau

le large limbe de ses feuilles qu'un pétiole
allongé, charnu, quadrangulaire, relie à une
énorme souche, couverte d'écailles brunâtres ; c'est au fond de la rivière, dans le li-
mon, qu'est fixée cette singulière tige, que
les botanistes nomment un *Rhizôme*.

A côté des feuilles, nagent de grandes fleurs
couleur d'or, portées sur des pédoncules cylindriques, charnus, aussi longs que l'exige
la profondeur de l'eau, et émergeant de l'aisselle des feuilles.

જ૭

Contrairement à ce que vous avez vu jus
qu'à présent, c'est le calice qui constitue la
partie la plus brillante de la fleur ; il est à
cinq sépales fort développés, verts sur les
points de la face inférieure en contact avec la
lumière au moment où la fleur était à l'état
de bouton, jaunes sur les points qui, à la
même époque, étaient soustraits à son action ;
la face supérieure des sépales est concave et
parfaitement jaune dans toute son étendue.

જ૭

Les pétales sont plus ou moins nombreux :
j'en compte dix-huit dans l'échantillon que
j'ai sous les yeux. Ils sont jaunes, orangés au

centre à la face inférieure, côtés à la face supérieure, dix fois plus petits au moins que
les sépales.

Les étamines jaunes sont fort nombreuses,
courbées, insérées sous l'ovaire, qu'elles entourent comme d'une épaisse couronne.

Le pistil est formé d'un carpelle unique, de
la même couleur que les autres parties de la
fleur ; parvenu à la maturité, il forme une
capsule subglobuleuse, rétrécie en col au
sommet, et couronnée par un disque ombili-
qué, sur lequel s'étalent, en rayonnant, de
nombreux stigmates sessiles.

Si vous ouvrez ce fruit, vous le trouverez divisé en plusieurs loges contenant chacune un
grand nombre de graines attachées aux parois
de leurs *cloisons*.

Le Nénuphar jaune répand une légère odeur
de citron ; il croît dans les eaux tranquilles :
il porte les noms vulgaires de *Lis jaune d'eau,
jaunet d'eau, plateau jaune*.

ଛଟ

Plus rare que le Nénuphar jaune, vous
trouvez le *Nymphea blanc (Nymphea alba)*.

Le rhizôme est le même, et c'est de même
qu'il donne naissance à des feuilles et à des
fleurs qui viennent flotter à la surface de
l'eau. La feuille est plus arrondie que celle
du Nénuphar jaune ; les deux oreilles forment

un angle moins aigu, à côtés rectilignes ; le pétiole est tout à fait cylindrique.

La fleur, bien plus belle et bien plus large, est d'un beau blanc, portée sur un pédoncule cylindrique beaucoup moins épais.

୧୨

Le calice est à quatre sépales seulement, vert à la face inférieure, d'un blanc verdâtre à la face supérieure.

La corolle est composée de nombreux pétales d'un blanc pur, dont les dimensions diminuent à mesure qu'ils se rapprochent du centre de la fleur.

Les étamines fort nombreuses, d'un beau jaune, sont, ainsi que les pièces de la corolle, insérées *sur la surface de l'ovaire ;* leur filet est élargi, presque *pétaloïde ;* les anthères, recourbées, linéaires, allongées, s'étalent sur un plan plus intérieur.

Le pistil est formé d'un carpelle unique ; son ovaire se transforme à la maturité en une capsule marquée des cicatrices produites par la chute des pétales et des étamines.

Cette belle plante est le plus élégant ornement de nos pièces d'eau ; elle est connue sous les noms vulgaires de *plateau blanc, blanc d'eau, lis d'étang.*

Les deux plantes que nous venons d'étudier représentent seules dans notre départe-

ment la famille des *Nymphéacées ;* ajoutez-y
un petit Nénuphar jaune, le *Nuphar pumilum*
qui croît dans les lacs des Vosges, et vous
aurez toutes les Nymphéacées françaises.

Si quelque jour votre bonne fortune vous
conduit dans les serres du Muséum de Paris,
vous pourrez y admirer le *Nymphea lotus* et
le *Nymphea cœrulœa*, ces admirables plantes
du Nil, que les anciens Egyptiens soupçon-
naient entretenir des relations avec les dieux.

L'occasion est bonne pour vous faire connaître les Renoncules aquatiques ; je ne veux
pas la laisser échapper.

Cinq espèces bien distinctes étalent leurs
jolies petites fleurs blanches à la surface de
nos eaux bourguignonnes.

Un caractère commun qui les sépare de
toutes les Renoncules terrestres, est d'avoir
leur pédoncule *courbé en arc* à la maturité ;
toutes également ont des carpelles couturés
de rides transversales ; enfin la couleur blanche de leurs pétales les distingue de la plus
grande partie des espèces terrestres.

Je commence par vous faire la description

de la plus commune de ces renoncules, la *Renoncule aquatique (Ranunculus aquatilis).*

❦

La Renoncule aquatique étale entre deux eaux un amas plus ou moins épais de tiges ramifiées qui peuvent mesurer jusqu'à cinq mètres de longueur. Rien de variable comme la grandeur et la forme de ses feuilles ; le plus souvent, elles sont de deux sortes, celles plus rapprochées du sommet de la plante, pétiolées, à limbe arrondi divisé en cinq lobes, celles plus inférieures, divisées en lanières fines et allongées, se *réunissant en pinceau* quand on les sort de l'eau. Elles sont encore remarquables par la présence d'une *grande gaîne qui adhère au pétiole dans ses deux tiers inférieurs.*

❦

Il arrive d'autres fois, que *toutes* les feuilles de la plante sont découpées en lanières. Il résulte de ce qui précède qu'on peut distinguer deux variétés de la Renoncule aquatique auxquelles les auteurs donnent les noms suivants : *Ranunculus aquatilis, heterophyllus,* (Renoncule aquatique à feuilles différentes) et *Ranunculus aquatilis capillaceus* (Renoncule aquatique à feuilles capillaires).

Le mode de végétation de ces deux variétés

12

est du reste fort variable, selon que la plante
croît en pleine eau, plus ou moins submer-
gée, ou sur un sol duquel l'eau s'est à peu
près complètement retirée. C'est à tort, selon moi, qu'on a infligé des noms nouveaux
aux prétendues variétés résultant de la différence des milieux ; je n'en surchargerai pas
votre mémoire.

↩☙

Les pédoncules sont à peine un peu plus
longs que les feuilles ; la fleur est celle de
toutes les renoncules que vous connaissez,
quant à son organisation générale ; je n'attirerai en conséquence votre attention que sur
les détails. Les pétales sont une à deux fois
plus longs que les sépales, marqués d'une
dizaine de veines écartées. Les étamines dépassent les carpelles ; le style est court, épais,
à trois angles, courbé au sommet, inséré sur
le prolongement du bord supérieur du pistil,
surmonté d'un stigmate arrondi, papilleux.
Le *réceptacle*, c'est-à-dire l'extrémité élargie
du pédoncule, est hérissé et globuleux.

↩☙

Cette description minutieuse de la plus
commune des renoncules aquatiques m'épar-
gnera des répétitions inutiles ; de simples
comparaisons vous feront reconnaître les

quatre autres espèces dont l'énumération
suit :

1° *Renoncule à feuilles de lierre* (*Ranunculus hederaceus*). Toutes les feuilles sont *réniformes*, lobées ; pas une seule lanière capillaire ; ce caractère suffit pour distinguer cette espèce de toutes les autres. Elle est assez rare dans la Côte-d'Or et ne se trouve guère que dans le Semurois et le Morvan, dans les eaux qui coulent sur un lit siliceux.

☙

2° *Renoncule à feuilles capillaires* (*Ranunculus trichophyllus*) Cette espèce, qu'on pourrait confondre avec la première, s'en distingue par ses fleurs plus petites, par ses pétales plus étroits très caducs, par ses feuilles plus petites, à lanières plus épaisses et plus courtes, *ne se réunissant pas en pinceau hors de l'eau*, par ses dimensions beaucoup moins grandes. Moins commune qu'elle, vous la trouverez cependant dans nos mares et nos ruisseaux.

☙

3° *Renoncule flottante* (*Ranunculus fluitans*). La plante tout entière est d'un vert foncé ; toutes les feuilles sont divisées en lanières ; le réceptacle n'est pas *hérissé*, comme celui de la Renoncule aquatique ou de la Re-

noncule à feuilles capillaires ; les lanières des
feuilles sont planes, plus larges que celles
des espèces précédentes ; les fleurs sont généralement plus grandes ; dans toutes ses parties la plante est plus robuste. Cette espèce
est commune dans nos rivières.

ↀↄ

4° *Renoncule divariquée* (*Ranunculus diva-
ricatus*). Dans cette dernière espèce, les pédoncules sont plus longs que les feuilles, et
atténués au sommet ; vous la distinguerez de
toutes les autres à ses feuilles fort petites,
divisées en lanières courtes, raides et *disposées sur un même plan orbiculaire*, toutes
leurs extrémités divergeant de manière à se
ranger sur une ligne circulaire. Cette espèce,
assez commune dans nos mares et nos ruisseaux, est fort abondante dans la Saône.

Les propriétés âcres et irritantes qui appartiennent aux Renoncules terrestres, sont
également communes aux Renoncules aquatiques.

## IX

Vous n'avez pas été sans remarquer que
nos précédentes *promenades* ont presque
toutes été divisées en deux parties parfaitement distinctes. Dans la première, pendant
le trajet, pour ainsi dire, je vous ai initié à
certaines notions générales destinées à vous
faciliter l'étude des plantes individuellement
considérées ; dans la seconde, j'ai décrit un
certain nombre de plantes, en vous apprenant à les distinguer les unes des autres, au
moyen des caractères tirés de leur organisation. Ces deux enseignements parallèles me
paraissent présenter un double avantage : le
premier est de rompre la monotonie qui serait
la compagne inséparable d'une causerie exclusivement descriptive; le second, de vous fournir les connaissances élémentaires indispensables à l'intelligence des descriptions elles-
mêmes.

Si, comme je n'en doute pas, vous approuvez cette façon d'agir, je persévérerai dans cette voie qui vous conduira sans fatigue et sans ennui au but que vous vous proposez.

ಎಲ

Chaque semaine nous analysons un certain nombre de fleurs, et nous ne savons pas encore ce que c'est qu'une fleur. Nous ignorons presque encore quelles parties la constituent ; si nous connaissons déjà quelques mots, leur sens précis nous échappe. Savons-nous quoi que ce soit des fonctions que la fleur est appelée à remplir, *de la raison d'être de la fleur ?*

Il faut combler cette lacune, n'est-il pas vrai ? Vous aimerez mieux encore les fleurs quand vous les connaîtrez davantage ; vous aimerez les plus modestes, les moins brillantes, quand vous reconnaîtrez l'admirable harmonie de leur organisation, et de plus, ce qui est un précieux avantage, le sens précis de chaque terme étant désormais nettement déterminé, vous ne serez plus arrêtés dans la lecture d'une description, et vous ne maudirez plus ces malheureux botanistes dont vous comprendrez le langage.

ಎಲ

Sans plus tarder, et au mépris de toutes les traditions classiques, je commence aujourd'hui avec vous l'étude de *la fleur*.

Je veux que vous ayez des connaissances précises : je prends donc les choses de haut et de loin.

Une plante, de même qu'un animal, est *un être organisé vivant ;* tous les naturalistes acceptent cette définition qui est parfaitement exacte. *Un être organisé,* c'est un être pourvu *d'organes* (organe est la traduction du mot grec *organon* qui veut dire instrument), d'instruments, qui mis en action, ont pour résultat *la vie :* rien de plus facile à saisir que cette idée générale.

ᘒᙅ

Ainsi les *organes,* dont est pourvu un être organisé, remplissent des *fonctions* qui ont pour résultat *la vie.* Ces fonctions sont multiples ; plusieurs organes sont indispensables à l'accomplissement de chacune d'elles. On appelle *appareil,* l'ensemble des organes nécessaires à l'accomplissement d'une fonction: je m'explique immédiatement au moyen d'exemples.

ᘒᙅ

Chez l'homme, les lèvres, les dents, la langue, le voile du palais, l'œsophage, l'estomac, le foie, le pancréas, l'intestin, — pour ne citer que les principaux, — sont les *organes*, dont l'ensemble constitue *l'appareil* de la digestion ; ils servent à l'accomplissement de la *fonction* digestive.

Dans une renoncule, le calice, la corolle, les étamines, le pistil, sont les *organes* dont l'ensemble constitue *l'appareil* de la reproduction : ils servent à l'accomplissement de cette *fonction*.

*
* *

Considérons les organes à un point de vue nouveau. Quel est le but de l'appareil de la digestion chez l'homme : c'est la *conservation* de l'individu au moyen de matériaux nouveaux, d'aliments qui vont s'incorporer à sa propre substance ; les organes qui constituent l'appareil de la digestion sont donc des *organes conservateurs*. Quel est le but de l'appareil floral de la Renoncule ? c'est la *reproduction* de plantes semblables à elle, et qui la remplaceront quand elle aura cessé de vivre ; les organes qui constituent la fleur sont donc des *organes reproducteurs*.

Je termine par cette observation : chez les plantes, les organes *reproducteurs* n'apparais-

sent, ne se développent, qu'alors qu'elles sont
déjà pourvues de tous les organes *conservateurs* nécessaires à leur vie individuelle ; en
langage ordinaire, je dirai avec vous : la plante
ne fleurit que lorsqu'elle a développé sa racine, sa tige et ses feuilles.

༄༅

Parmi les *petites familles* végétales, il en
est une gracieuse entre toutes, avec laquelle
nous allons faire aujourd'hui connaissance ;
je la nomme de suite, c'est la famille des
*Cistinées*.

Dans les provinces méridionales de la
France, cette famille est principalement re-
présentée par le beau genre *Cistus*, dont les
nombreuses espèces ornent magnifiquement
un sol que baignent presque toute l'année les
chaudes effluves d'un soleil perpétuel. Le
nôtre, moins favorisé, ne produit que des plantes plus modestes, mais si vraiment jolies,
qu'un peu de philosophie aidant, il est facile
de se contenter du lot qui nous a été départi.

༄༅

Nos montagnes calcaires sont couvertes
d'*Hélianthèmes* ; sans aller plus loin que les
coteaux qui bordent la route de Plombières,

13

des deux côtés de la ligne ferrée, vous trouverez trois espèces du genre *Helianthemum*.

La plus commune est l'*Hélianthème à feuilles de Polium* (*Helianthemum polifolium*). Les tiges ont la dureté du bois ; elles sont rameuses, tourmentées, entremêlées, diffuses, peu élevées. Les feuilles sont opposées, étroites et allongées, d'un vert cendré ; leurs deux bords sont fortement roulés en dessous.

Les fleurs, qui s'épanouissent en grappes au sommet des rameaux, sont accompagnées par une petite bractée analogue à celles que vous voyez à côté des feuilles. Analysons cette fleur, dont le type vous est encore inconnu.

ॐ

Le calice est curieux ; examinez-le attentivement. Il est constitué par cinq pièces distinctes, dont trois grandes, fortement sillonnées par des côtes verdâtres, et deux fort petites, qui vous échapperaient certainement si vous n'étiez pas prévenus. Cinq pétales blancs d'un tissu délicat, qui se flétrit avec la plus grande rapidité, forment la corolle ; l'onglet de ces pétales est jaune comme les nombreuses étamines dont la délicate structure donne à la fleur un charme tout particulier ; trois carpelles constituent le pistil, qui, mûr, se transforme en une capsule à trois loges.

Entremêlées aux touffes de cet Hélianthème, vous rencontrerez celles de l'*Hélianthème blanchâtre* (*Helianthemum canum*).
Vous le distinguerez immédiatement à ses
fleurs jaunes de moitié plus petites que celles
de la première espèce. Vous ne le confondrez
pas non plus avec l'*Hélianthème commun*
(*Helianthemum vulgare*), dont les fleurs, d'un
beau jaune, sont au moins aussi grandes que
celles de l'Hélianthème à feuilles de Polium.
L'Hélianthème blanchâtre se sépare encore
des deux autres espèces par l'absence des
stipules au voisinage des feuilles.

❧

Un quatrième Hélianthème croît encore
dans la Côte-d'Or : c'est l'*Hélianthème taché*
(*Helianthemum guttatum*); ses tiges molles
et herbacées vous interdiront toute confusion
avec les autres espèces ; cette plante est du
reste rare dans notre département, puisqu'une
seule localité a été jusqu'à présent signalée
par M. Leclerc, qui l'a trouvée en *Chaume-
Ronde*, près de l'Armançon.

❧

A côté du genre Hélianthème, les botanistes modernes ont édifié le genre *Fumana*
aux dépens du premier ; vous trouverez sur

nos coteaux pierreux le *Fumana couché* (*Fumana procumbens.*) C'est une plante frutescente, tout à fait ligneuse, à feuilles éparses, à petites fleurs jaunes subsolitaires à l'extrémité des rameaux  Le genre *Fumana*, qu'on aurait pu se dispenser de créer, diffère du genre *Helianthemum* par la structure de son ovule ; ce caractère est tellement difficile à saisir que je préfère vous dire : Vous distinguerez le genre *Fumana* à la présence d'un certain nombre d'étamines extérieures à filets très courts et très frêles ; ces étamines incomplètement développées, ne portent pas de pollen et sont en conséquence *stériles*.

Hélianthème vient de deux mots grecs, *helios* qui veut dire soleil, et *anthos* qui signifie fleur ; la fleur de l'Hélianthème se tourne volontiers dans la direction du soleil.

☙

Dans vos promenades sur les bords du canal, sur certaines routes, parmi lesquelles je vous citerai celles de Gevrey, de Plombières, d'Ahuy, etc., çà et là enfin, mais très inégalement répartie, vous trouverez la *Saponaire officinale* (*Saponaria officinalis*). La plante est herbacée, à tige quadrangulaire parcourue sur deux de ses faces par un sillon profond, à grandes feuilles ovales lancéolées, opposées et sessiles, à grandes fleurs d'un blanc violacé. Il est inutile de vous analyser cette fleur qui est conformée comme celle de toutes les *Caryophyllées*.

ᘒᘔ

Saponaire vient de *Sapo*, savon ; la plante contient en effet un principe appelé *Saponine*, qui, agité dans l'eau, produit une mousse savonneuse dont on peut se servir pour le blanchiment du linge.

La Saponaire a des propriétés toniques et excitantes qui ont été utilisées en médecine ; de très fortes doses sont nécessaires pour que l'on puisse compter sur des résultats appréciables.

ᘒᘔ

Dans nos moissons, vous trouverez la *Saponaire des vaches (Saponaria vaccaria)*. Ses fleurs sont parfaitement roses, beaucoup plus petites ; vous la distinguerez de la Saponaire officinale à son calice ventru, muni de cinq angles ailés.

Je vous signale enfin une troisième espèce beaucoup plus rare que les deux précédentes ; c'est la *Saponaire à feuilles de basilic (Saponaria ocymoides)*. Rien de charmant comme cette plante gazonnante qui étend au loin ses tiges rampantes couvertes de délicieuses

petites fleurs roses. Aussi s'en sert-on comme
d'une plante ornementale sur les rochers ar-
tificiels de nos jardins.

C'est à vrai dire une espèce méridionale,
qui, par une heureuse fortune, croît dans les
montagnes calcaires de la vallée de la Fontaine-Froide , près du village de Bouilland.

La Saponaire des vaches et la Saponaire à
feuilles de basilic possèdent, mais amoin-
dries peut-être, les propriétés de la Saponaire
officinale.

X

Je vous ai donné la définition la plus générale de la fleur ; étudions aujourd'hui les
organes qui la composent, et expliquons un
certain nombre de mots que vous trouverez
à chaque page, soit dans les traités de Botanique, soit dans les Flores.

On désigne sous le nom de *verticille* un
ensemble d'organes disposés en cercle, sur un
même plan, autour d'un axe ; examinez un
rameau de *Laurier rose (Nerium oleander)* ;
trois feuilles naissent de l'axe au même niveau ; il y a là un *verticille.* Montez plus haut ;
allez jusqu'à la fleur qui est la terminai-
son de l'axe ; vous trouverez les cinq pièces
du calice qui forment un verticille au niveau
de l'extrémité élargie de l'axe : enlevez le calice : suit un verticille plus intérieur, composé par les cinq pièces de la corolle ; les
cinq étamines en forment un troisième ; deux

carpelles enfin, tout à fait au centre de la fleur, constituent le verticille le plus intérieur, celui qui peut être considéré comme implanté sur le sommet de l'axe.

ജ

Une fleur qui, comme celle que nous venons d'examiner, est constituée par les quatre verticilles *calicinal, corollin, staminal, carpellaire*, est appelée une *fleur complète.*

Il y a donc des fleurs incomplètes ? Oui ! Regardez la fleur de la *Clématite des haies* (*Clematis vitalba*), si commune dans nos bois ; vous ne trouverez plus que trois verticilles floraux ; la corolle manque ; la fleur de la Clématite est *mono-chlamydée* ou *monopérianthée* , c'est-à-dire ne possède qu'une seule enveloppe florale.

ജ

Examinez, au premier printemps, la fleur du *Frêne élevé* (*Fraxinus excelsior*) : elle n'a ni calice ni corolle ; les enveloppes florales lui font tout à fait défaut : c'est une *fleur nue, apérianthée.*

Vous avez, sans aucun doute, fait des promenades au bord de l'eau, en avril, alors que la nature se réveille, et que les saules revêtent leur parure printanière. Le *Saule blanc*

(*Salix alba*), le Saule des vanniers, étale co-
quettement ses rameaux chargés de grappes
dorées ; ces grappes qui portent le nom de
*Chatons*, sont constituées par la réunion d'un
très grand nombre de fleurs disposées autour
d'un axe allongé. Détachez une de ces fleurs,
vous l'aurez bientôt analysée ; deux étamines, dont les filets convergent vers une glande
à peine visible, sont les uniques éléments de
la fleur que vous étudiez ; les enveloppes florales sont représentées par la glande en question ; la fleur peut donc être considérée
comme nue ou apérianthée. Mais il y a plus, le
verticille le plus intérieur, le verticille carpellaire n'existe pas : c'est une *fleur unisexuée ;* toutes celles jusqu'à présent étudiées étaient des *fleurs hermaphrodites.*

&c;

Vous auriez bien du malheur si, dans le
voisinage, vous ne rencontriez pas un autre
*Saule blanc* porteur de grappes moins brillantes, non plus d'un jaune doré, mais bien
d'un vert blanchâtre analogue à celui des
feuilles ; détachez une fleur de ces chatons
de nouvelle apparence ; vous la trouvez constituée uniquement par deux carpelles accom·
pagnés de leur glande ; les étamines font
défaut : c'est encore une fleur *unisexuée ;*
14

seulement la première est une *fleur mâle*, la seconde une *fleur femelle*.

೪೮

Le Saule blanc nous offre donc cette particularité remarquable que certains individus sont exclusivement porteurs de fleurs mâles, certains autres, de fleurs femelles ; aucun arbre ne porte les deux sortes de fleurs ; une plante, arbre ou herbe, dont les fleurs de sexe différent apparaissent ainsi sur des individus différents, est une plante *dioïque ; oicos* en grec veut dire *maison*, et l'on exprime ainsi que la fleur mâle et la fleur femelle ont deux habitations distinctes.

೪೮

C'est encore au printemps que je vous donne rendez-vous, dans les bois cette fois, où abondent ces charmants arbustes, les *Noisetiers* pour tout le monde, la *Coudrette* pour les poëtes, le *Corylus avellana* pour les botanistes.

Dès mars, dès février même, vous verrez le Noisetier couvert de longs chatons pendants ; séparez-en une fleur ; trois écailles soudées et huit étamines la constituent ; vous avez reconnu une *fleur mâle*. Mais vous chercherez en vain parmi les Noisetiers voisins

d'autres arbrisseaux porteurs de chatons composés de *fleurs femelles ;* examinez attentivement celui sur lequel vous avez observé les
chatons de fleurs mâles ; au sommet des rameaux, vous apercevrez des bourgeons écail-
leux d'un beau rouge ; ouvrez-en un avec précaution ; vous y trouverez rassemblées les
fleurs femelles.

Dans le Noisetier, il y a donc sur le même
pied, et des fleurs mâles et des fleurs femelles ;
le Noisetier est une *plante monoïque,* les fleurs
de sexe différent ayant une commune habita-
tion.

☙

Je reviens au Frêne, dont je vous parlais il
n'y a qu'un instant ; je vous disais : la fleur
du Frêne est nue, sans calice ni corolle ; c'é-
tait vous dire : elle n'est constituée que par
les étamines et les carpelles ; c'est une fleur
*hermaphrodite.* A côté de ces fleurs hermaphrodites, vous trouverez des *fleurs mâles,*
plus loin des *fleurs femelles ;* le même individu ou tout au moins la même espèce vous
offriront les trois sortes de fleurs ; le Frêne
est une plante *polygame.*

Revenons maintenant à nos fleurs.

☙

Vous trouverez en ce moment en fleur une
*plante dioïque*, fort commune à peu près partout ; je fais d'une pierre deux coups en vous
la décrivant aujourd'hui.

En vous promenant le long des chemins,
vous ne pouvez manquer de rencontrer à chaque pas la *Lychnide dioïque (Lychnis dioica)*,
de la famille des *Caryophyllées*. Je vous donne
tout d'abord des indications générales qui vous
la feront reconnaître à son port ; le *port* d'une
plante est sa *physionomie*.

Emergeant des gazons, notre Lychnide
dresse sa tige de 30 ou 40 centimètres, arti-
culée, velue, rameuse au sommet, portant des
feuilles ovales aiguës, d'un vert foncé, mar-
quées de cinq nervures ; quelques fleurs à
cinq pétales bifides d'un beau blanc, sont
penchées sur sa cime. Son fruit est une capsule à une seule loge qui s'ouvre au sommet
par dix valves à dents dressées.

☙

Sans cueillir la plante, à distance, vous
reconnaîtrez facilement si tel ou tel pied
porte des fleurs mâles ou des fleurs femelles.
Les premières ont un calice tubuleux, à peine
renflé ; les secondes ont ce même calice fort
dilaté, ventru et tout à fait ovoïde, surtout si
déjà près de se flétrir, elles ont un ovaire
grossi, que la maturité va bientôt transformer

en fruit. Vérifiez maintenant : dans les premières fleurs vous ne trouverez que des étamines ; dans les secondes vous ne trouverez
que des carpelles. Vous auriez bien peu de
bonheur, si pendant le cours de votre promenade, si courte quelle soit, vous ne trouviez
pas des individus mâles et des individus femelles.

ৎৎ

Le mot *Lychnis* vient du grec *Luchnos*,
lampe ; les anciens avaient donné ce nom à
une plante très cotonneuse qui leur servait à
faire des mèches pour les lampes.

Les jardiniers cultivent une variété double
du *Lychnis dioica*.

Cette plante est une de celles qui ont eu
l'infortune d'être baptisées d'une multitude
de noms différents : c'est au point que ses
vieux amis ont quelque peine à la reconnaître ; je vous les indique pour vous éviter de
tomber dans une regrettable confusion :
*Lychnis dioica*, *D. C.*, *Lychnis vespertina*,
*Sibth.*, *Lychnis pratensis*, *Spreng.*, *Melandrium dioicum*, *Coss. et Germ.*, *Melandrium
pratense*, *Rohl.*, *Silene pratensis*, *Gr.* et
*Godr.*

Je serai sobre de ces énumérations synony-
miques ; je voulais vous donner encore un
exemple.

ৎৎ

Profitons de l'occasion pour en finir avec
les *Lychnis*.

Il en est un que vous trouverez encore en
fleur pendant tout le mois d'août : c'est le
*Lychnis sylvestris,* la *Lychnide* des bois.
Comme les suivantes, cette plante est hermaphrodite ; elle ressemble du reste beaucoup à la précédente, avec laquelle cependant
il est impossible de la confondre, vu la
couleur *purpurine* de ses fleurs ; quand la
capsule est mûre, les dents qui la couronnent
sont non plus droites, mais *roulées en
dehors.* La Lychnide dioïque a reçu le nom
vulgaire de *Compagnon blanc,* la Lychnide
des bois, celui de *Compagnon rouge.* « A Di-
» jon, disent MM. Lorey et Duret, on donne
» à ses fleurs le nom burlesque d'*ivrognes.*

❧

La *Lychnide fleur du coucou (Lychnis flos-
cuculi)* est une plante printanière, commune
dans les prés humides ; vous la distinguerez
à sa tige rougeâtre, cannelée, visqueuse au
sommet, à ses grandes fleurs en lâche pani-
cule, à son calice anguleux, strié rougeâtre, à
ses pétales rouges élégamment découpés en
lanières. On en cultive dans les jardins une
variété à fleurs doubles, à laquelle on a fort
mal à propos donné le nom de *véronique.*

❧

Une fort belle espèce croît dans les moissons, principalement dans les blés. Sa tige,
presque toujours simple, est droite, raide,
cylindrique, velue, haute de 5 à 6 décimètres ; ses feuilles sont lancéolées, très longues, velues-soyeuses ; la fleur est grande,
solitaire à l'extrémité de la tige, d'un rouge
vineux, à veines violacées ; la gorge de la corolle est blanche, tachetée de noir ; les sépales sont coriaces, velus, prolongés en lanières linéaires qui dépassent les pétales
Cette espèce, qui porte le nom vulgaire de
*Nielle*, est la *Lychnide Githago (Lychnis
Githago)*.

ॐ

La *Lychnide visqueuse (Lychnis viscaria)*
se reconnaît à ses tiges visqueuses au-dessous
des articulations, à ses fleurs purpurines disposées en étroites panicules, à ses pétales à
limbes entiers ; sa station la plus rapprochée
de nous est le bois de *Cluny*.

La *Lychnide rose du ciel (Lychnis cœli-
rosa)* est une espèce méridionale importée
dans nos cultures ornementales.

On cultive encore dans nos jardins : la
*Lychnide de Chalcédoine (Lychnis Chalcedo-
nica)*, aux fleurs d'un rouge écarlate, ramas-
sées en faisceaux compactes ; elle est connue
sous le nom de *Croix de Jérusalem ;* elle

nous vient de l'Asie et de la Russie méridionale ;

La *Lychnide coquelourde (Lychnis coronaria)* : cette espèce, originaire des Alpes, est remarquable par le duvet cotonneux-blanchâtre qui la recouvre entièrement ; ses fleurs sont grandes, blanches ou purpurines ;

Et, enfin, la *Lychnide fleur de Jupiter* (*Lychnis flos-Jovis*), qui ressemble beaucoup à la précédente et croît dans les mêmes localités. Vous l'en distinguerez à ses fleurs plus rapprochées, resserrées presque en ombelle, à ses pétales plus profondément échancrés. Cette plante est appelée *Œillet de Dieu* par les montagnards des Alpes ; ils s'en servent comme de charpie pour étancher le sang des plaies.

# XI

J'ai encore à vous présenter quelques con-
sidérations générales sur la fleur.

La fleur type est celle qui est composée de
quatre verticilles, celle que j'ai appelée *fleur
complète*. Les quatre verticilles en question
sont loin d'avoir la même importance ; les
deux plus extérieurs, constituant le calice et
la corolle, et que l'on désigne encore sous la
dénomination commune d'*enveloppes florales*,
ne sont appelés qu'à jouer un rôle accessoire
dans l'acte de la reproduction ; ce sont les
deux plus intérieurs, l'un constitué par les
étamines, l'autre par les carpelles, l'*Androcée*
et le *Gynécée* des auteurs, qui sont destinés à
jouer le rôle principal, et qui conséquemment,
au point de vue botanique pur, sont la véritable fleur.

Vous ne vous étonnerez pas si j'insiste sur
ces principes ; il est d'autant plus nécessaire
de bien les dégager, que les personnes étran-
gères à la science se font une tout autre idée
de la fleur ; pour beaucoup d'entre vous, pour
les peintres qui la reproduisent, pour les poètes qui la chantent, pour vous tous qui l'admirez, et je ne crains pas de le dire, pour
moi-même, quand je viens à oublier mon rôle
de professeur, la fleur n'est-elle pas principalement constituée par ces larges pièces aux
brillantes couleurs, quelquefois sépales, le
plus souvent pétales, et ce que nous appelons
le cœur ou le centre, frappant moins nos regards. ne nous intéresse-t-il pas infiniment
moins ?

∞

Tous, nous avons le sentiment du beau ;
nous admirons ce qui est beau ; rien de plus
naturel ; agissant ainsi. nous sommes artistes
plutôt que savants ; la fleur est pour nous une
parure, et non un ensemble d'organes destinés à remplir une fonction.

Demeurons *artistes*, mes chers élèves ; con-
tinuons à admirer toutes ces charmantes
merveilles faites de satin et de velours, si
capricieusement découpées. si richement colorées ; mais redevenons aussi *savants;* les
deux termes ne s'excluent pas et peuvent vi-

vre en parfaite intelligence. Le botaniste qui
comprend une fleur sans l'admirer, ne vaut
guère mieux que l'homme du monde qui l'ad-
mire sans la comprendre. Ne pensez-vous pas
avec moi qu'il vaut mieux admirer et comprendre ?

ॐ

J'avais besoin de tout ce bavardage, que
vous me pardonnerez certainement en faveur
de l'intention, pour vous amener à considérer
comme portant des fleurs, de vraies fleurs,
certaines plantes auxquelles vous êtes tout
disposés à en refuser. Vous entendez cependant dire tous les ans : Les blés sont en
fleur, la vigne est en fleur. Mettez-vous bien
dans la tête que tous nos grands arbres, que
nos plus humbles petites herbes ont des fleurs.
Si peu brillantes, si modestes qu'elles soient,
elles sont là, merveilleusement organisées,
prêtes à remplir leur mission, à mûrir des
graines qui *reproduiront* le végétal.

Pour que ce but soit atteint, les enveloppes florales ne sont pas *indispensables;* les
étamines, les carpelles, sont seuls les organes
*essentiels.* La splendeur des corolles est un
luxe ; elle n'est pas une nécessité. Jouissons
de ce luxe, dont la puissance créatrice a été
si prodigue ; mais aussi, pénétrons plus avant
dans ses desseins ; sachons de son œuvre ce

qu'elle a permis que nous en sachions, et rappelons-nous toujours ce vers du poète :

*Omne tulit punctum, qui miscuit utile dulci.*

Traduction libre : La palme à celui qui sait allier l'utile à l'agréable.

ৎও

Vous ne sauriez mieux profiter de vos premiers jours de vacances, mes chers élèves, qu'en allant faire la plus délicieuse promenade qu'on puisse rêver aux environs de Dijon ; à ceux de vous qui ont eu de beaux prix, les parents n'auront rien à refuser ; aux malheureux, il est besoin d'une consolation et aussi d'un encouragement pour l'année prochaine ; soyez donc bien câlins, bien persuasifs ; faites au besoin votre adorable petite moue, et priez le père de vous conduire à *Jouvence*.

L'air le plus pur dilatera vos poumons ; vous entendrez de délicieux concerts exécutés par la gent emplumée ; vous vous ébattrez dans une jolie prairie qu'encadrent de belles collines boisées, embaumées des parfums de mille fleurs ; vous poursuivrez les plus ravissants insectes : vous tremperez vos lèvres à cette cascade limpide que vos parents ne pourront revoir, sans évoquer leurs plus charmants souvenirs de jeunesse, et

vous reviendrez chargés d'une abondante
moisson.

ᘓᘖ

Entre autres plantes remarquables, dans
la prairie que baigne Suzon, au bas de la
fontaine, vous distinguerez de suite l'*Aconit
napel* (*Aconitum napellus*). Cette magnifique
espèce a une tige de près d'un mètre de hauteur, droite, feuillée, terminée supérieurement par une longue grappe de fleurs d'un
beau bleu. Les feuilles sont pétiolées, d'un
vert foncé, découpées en cinq lobes eux-mêmes élégamment divisés. La fleur est tellement remarquable, ressemble si peu à celles
que vous connaissez, qu'il faut absolument
que nous l'analysions avec soin.

ᘓᘖ

Tout est singulier dans cette fleur ; atten-
dez-vous donc a ces étonnements qui précèdent les révélations inattendues.

Ce ne sont pas cinq petites pièces vertes
et insignifiantes qui constituent le calice ; ce
sont ces cinq magnifiques pièces bleues, qui
paraissent être la fleur tout entière; trois
sont extérieures, deux intérieures.

La plus grande, la plus remarquable, est
le sépale supérieur; il est en forme de casque,
et sert de cachette à des organes que nous

examinerons dans un instant; les deux pièces intermédiaires latérales, symétriques,
enchâssent vers leurs onglets les organes
reproducteurs; les deux dernières enfin, inférieures, également symétriques, sont beaucoup plus petites que les précédentes.

Tel est le calice de l'Aconit napel, si différent de ceux auxquels vous êtes habitués ; il
égale en splendeur les plus brillantes corolles,
ce qui lui a valu le nom de *calice pétaloïde ;*
ses pièces diffèrent de forme et de dimension ; c'est un *calice irrégulier.*

જ્છ

Mais si c'est là le calice, me direz-vous, où
donc est la corolle ; nous ne voyons pas le
moindre pétale ? Ne vous pressez pas trop de
prendre votre professeur en défaut et exécutez
les ordres qu'il va vous donner.

Enlevez tout d'abord les quatre sépales
inférieurs. Bien ; il ne vous reste plus, n'est-ce
pas, que le grand sépale supérieur, le casque.
Ne vous ai-je pas dit qu'il servait de cachette
à quelque organe mystérieux ? Enlevez ce
casque avec soin, en ménageant les deux fils
violets insérés au-dessus de lui sur le réceptacle ; avez-vous jamais vu deux pétales
jumeaux plus gracieux que ces deux colombes
qui semblent prêtes à prendre leur vol ? Si,
conservant les quatre sépales postérieurs,

vous n'aviez enlevé que le casque, vous auriez obtenu le *Char de Vénus* des poëtes. Je vous apprendrai plus tard comment les botanistes ont été amenés à prétendre que cinq pétales étaient prévus dans le plan de l'Aconit, et que si nous n'en trouvons que deux, c'est que les trois autres ont avorté.

ഏൟ

L'analyse de notre fleur sera maintenant bientôt terminée : le troisième verticille est constitué par de nombreuses étamines à filet bleu, à anthères d'un jaune verdâtre ; tous les filets sont fortement arqués en dehors et démasquent au centre de 3 à 7 carpelles dont quelques-uns avortent, tandis que les autres forment à la maturité autant de cap-sules laissant échapper les graines en s'ou-vrant par leur suture ventrale ; ces graines, véritables petits trièdres géométriques, sont ridées sur une seule de leurs faces.

L'Aconit napel appartient à la famille des *Renonculacées;* son nom vient du grec *akè* (pointe), parce que les sauvages en frottaient la pointe de leurs flèches. L'Aconit napel se rencontre, à partir de Messigny, dans toute la vallée du *Suzon;* il se trouve également à *Orgeux.* La beauté de ses fleurs lui vaut une place distinguée dans nos parterres, qu'on

peut orner magnifiquement en mélangeant
les variétés bleue, blanche, rose et panachée.

๛

L'Aconit napel est un poison violent ; ne
jouez pas avec lui, mes chers enfants, et que
jamais cette plante ne touche vos lèvres.

Dès la plus haute antiquité, les propriétés
toxiques de cette plante étaient connues ; les
poètes latins la disaient faite de l'écume de
*Cerbère*, et dans Ovide vous pourrez lire
qu'elle entrait dans la composition des breu-
vages empoisonnés de *Médée*. Nos ancêtres,
les Gaulois, empoisonnaient leurs flèches
avec le suc de l'Aconit ; plusieurs peuples
anciens s'en servaient comme d'un breuvage
destiné aux condamnés à mort.

Aucun danger n'est à redouter, si vous
vous contentez de toucher l'Aconit ou même
d'en frictionner la peau recouverte de son
épiderme. Porté dans la bouche, il y détermine une sensation d'ardeur, de douleur et
d'engourdissement qui s'étend jusqu'au go-
sier ; ingéré, même à faible dose, il occa-
sionne de terribles accidents qui se terminent par la mort. De l'énergique action de
l'Aconit sur l'organisme, il résulte qu'habi-
lement et opportunément manié, ce poison
se transforme en un précieux médicament.

๛

Beaucoup plus commun que le précédent,
vous trouverez dans presque tous nos bois
montagneux l'*Aconit tue-loup* (*Aconitum ly-
coctonum.*) Vous l'en distinguerez sans peine
à ses fleurs d'un blanc jaunâtre et de moitié
plus petites. Ses propriétés moins énergiques
que celles de l'espèce précédente, sont à peu
près les mêmes.

L'*Aconit anthora* (*Aconitum anthora*) et
l'*Aconit paniculé* (*Aconitum paniculatum*)
croissent dans les Alpes et les Pyrénées ; ils
complètent la série de nos espèces fran-
çaises.

Nous cultivons encore l'*Aconit bicolore*
(*Aconitum variegatum*), et l'*Aconit du Japon*
(*Aconitum Japonicum.*)

ॐ

Au-dessus de la Fontaine de Jouvence,
dans la combe qui la précède, et dans beaucoup d'autres localités. vous pourrez récolter
une plante moins belle, mais non moins redoutable que la précédente : je veux parler
de l'*Atropa belladone* (*Atropa belladona*).

La Belladone appartient à la famille des
*Solanées ;* la tige, qui peut atteindre un mètre, est épaisse, velue, rameuse ; les feuilles,
d'un vert sombre, sont grandes, ovales, entières, souvent géminées ; la fleur, qui naît
solitaire, quelquefois géminée à l'aisselle des

16

feuilles, est d'un rouge brun ferrugineux ; je l'analyse rapidement.

Calice à cinq sépales soudés, ovales aigus ; corolle à cinq pétales soudés en forme de cloche ventrue, parcourue par quinze nervures, rétrécie et plissée à la base ; cinq étamines ; un style unique surmontant un ovaire globuleux à deux loges ; cet ovaire devient à la maturité un fruit (baie) noirâtre, de la grosseur d'une petite cerise.

*Atropa* vient de la Parque *Atropos*, qui, comme vous le savez, tranchait avec ses redoutables ciseaux le fil des existences humaines ; c'est une allusion aux propriétés vénéneuses de la Belladone. *Belladona* est un mot italien donné à notre plante, parce que les Italiennes se servent d'une eau distillée à laquelle elles supposent la propriété d'entretenir l'éclat de leur teint. Les baies servent à préparer une fort belle couleur dont se servent les miniaturistes.

Le suc de la Belladone est un de nos poisons les plus énergiques ; il est d'autant plus dangereux que les baies de cette plante, qui ne sont pas mauvaises à manger, tentent souvent les enfants et même les grandes personnes, pressées par le besoin impérieux de se rafraîchir la bouche ; c'est par centaines que se comptent les victimes de la Belladone.

Le docteur Gaultier de Claubry raconte un curieux et navrant épisode de nos guerres du premier Empire.

٭

« Le 14 septembre 1813, un détachement » de quelques centaines d'hommes du 12ᵉ ré- » giment d'infanterie de ligne se porta, à » deux lieues en avant de Pirna, sur une col- » line où se trouvaient malheureusement plu- » sieurs pieds d'*Atropa belladona*. Altérés par » la marche pénible qu'ils venaient de faire, » les jeunes soldats de ce détachement se » précipitèrent sur ces plantes et les eurent » bientôt dépouillées de leurs fruits..... Plu- » sieurs en prirent six ou huit, quelques-uns » une cinquantaine, d'autres enfin une plus » grande quantité encore.

» Deux heures après le régiment quitta » cette position ; mais déjà plus de cent » soixante de ces malheureux éprouvaient les » funestes effets des fruits de la *Belladona*. » Les uns ne tardèrent pas à expirer dans les » endroits mêmes où ils les avaient cueillis, » ou à quelques pas de là ; les autres furent » traînés par leurs camarades dans le bois » voisin, ou s'y dispersèrent d'eux-mêmes. »

٭

Le récit se continue, beaucoup trop long
pour qu'il me soit permis de le reproduire en
entier ; qu'il me suffise de vous dire que les
soldats qui ne moururent pas restèrent hébé-
tés ou fous, quelques-uns pour toute leur
vie.

Cet épisode est loin d'être isolé dans l'histoire des armées en marche : on peut en lire
un grand nombre du même genre. Combien
sont encore plus nombreux les accidents
isolés !

A peu d'exceptions près, tout poison est un
médicament précieux ; la Belladone confirme
cette règle ; sagement dosée, et sous les formes les plus variées, elle rend chaque jour les
plus incontestables services. Elle agit comme
narcotique stupéfiant, ce qui rend compte de
ses vertus calmantes si excellemment mises à
profit par les médecins dans les cas où l'emploi de l'opium est interdit.

Les chirurgiens s'en servent aussi volontiers pour obtenir la dilatation de la pupille,
chez les malades sur l'œil desquels ils doivent
pratiquer certaines opérations.

ॐ

L'Aconit et la Belladone nous ont pris tout
notre temps ; que de richesses cependant encore dans ce beau vallon que vous voudrez
revoir ; emportez avant de le quitter ungrand

*Myosotis sylvatica* que vous trouverez à la lisière du bois près du lit du torrent ; emportez
encore une grande *Gentiane jaune* (*Gentiana
lutea*) ; un bel *Aster* violet *(Aster amellus)* ;
rentrez à la maison, étudiez tout seuls ces
trois plantes que nous reverrons ensemble.
Il y en a bien d'autres encore ; il faudra revenir souvent ; à chaque mois c'est une flore
nouvelle qui s'offrira à vos regards enchan-
tés ; plus vous apprendrez, plus vous serez
heureux ; vous ne tarderez même pas à vous
apercevoir que vous devenez meilleurs !

## XII

Je suis loin d'en avoir fini avec la fleur
considérée en général; il faut que vous la
connaissiez bien ; il faut que vous n'ayez plus
peur des botanistes ni de leurs gros livres ; il
faut que ces bien modestes causeries rom•
pent la glace entre vous et la science, ces
deux ennemis de longue date qui ne s'ai-
maient pas faute de se connaître.

Aujourd'hui vous allez abandonner une de
ces erreurs qui courent le monde, et toucher
du doigt une vérité nouvelle ; si vous m'avez
suivi jusqu'à ce jour, vous en savez assez
pour comprendre ce que je me propose de
vous dire.

Qui de vous n'a effeuillé des marguerites ?
Dans le langage vulgaire, ce nom appartient
à bien des plantes ; choisissons l'une d'elles,

une des plus belles, que vous devez connaître,
la grande marguerite qui croît dans nos bois
et dans nos prairies, celle que les botanistes
nomment *Leucanthème commun* (*Leucanthemum vulgare*).

Si, sans y regarder de trop près, vous examinez ce que j'appellerai provisoirement avec
vous *une des fleurs* de votre Leucanthème,
vous direz : le calice est composé d'un très
grand nombre de pièces vertes qui se recou-
vrent les unes les autres à la manière des
tuiles d'un toit ; la corolle est constituée par
ces charmants pétales blancs que j'effeuille
en murmurant : il m'aime, un peu, beaucoup, etc ; les étamines et les carpelles sont
nécessairement constitués par les innom-
brables pièces d'un jaune d'or qui sont au
centre de la fleur.

✥

Toute cette belle description dont vous
êtes si fiers, n'est qu'un tissu des plus énor-
mes erreurs dont vous puissiez avoir l'idée ;
l'apparence vous a trompé, et faute d'avoir
bien regardé, vous avez été le jouet d'une
illusion que je m'empresse de dissiper.

Chacune des pièces blanches de la Marguerite que vous prenez pour des pétales, *est une
fleur*. Le calice, adhérent à l'ovaire, n'étale
aucune surface qui permette de le distinguer;

ne le cherchez donc pas. La corolle est constituée par la languette blanche elle-même ;
les veines longitudinales qui la parcourent,
les dents qui la terminent, sont l'indication
de la soudure des pétales ; c'est comme une
corolle gamopétale, qui, d'abord tubulaire
comme celle du Liseron, se serait fendue
pour s'étaler en une pièce unique; examinez
avec attention la base de cette singulière corolle ; là, vous verrez les deux bords de la
fente se rejoindre pour former le tube, que
vous pouvez facilement compléter, en soudant
ensemble par la pensée les deux grands bords
libres de cette pièce, que les botanistes nomment une *ligule* ou un *demi-fleuron*.

Si vous doutez encore, reprenez votre
loupe, voyez à la base ce petit corps vert surmonté d'un fil jaune qui se bifurque à son
sommet : c'est un ovaire surmonté de son
style et de son stigmate; la ligule, le demi-
fleuron que nous venons d'étudier est une
*fleur femelle.*

ை

En matière d'étonnement il n'y a que le
premier pas qui coûte : je poursuis donc.

Chacun des petits corps jaunes qui constituent le cœur de votre Marguerite est également une fleur. Armez-vous encore de la
loupe et cette fois vous serez convaincus sans

la moindre difficulté : car vous constaterez la présence d'une corolle parfaitement tubuleuse avec un limbe à cinq dents, de quatre ou cinq étamines, soudées ensemble par leurs anthères, et d'un pistil central : chacun de ces corps jaunes est un *fleuron*, est aussi, comme vous le voyez, une *fleur hermaphrodite.*

Les pièces vertes que vous preniez pour des sépales ne sont autre chose que des feuilles modifiées appelées *bractées ;* leur ensemble est un *involucre.*

Votre marguerite est donc en résumé le résultat de l'assemblage d'une centaine de fleurs, réunies dans un *involucre commun,* et toutes insérées sur un *réceptacle* convexe, comme il sera facile de vous en convaincre en les arrachant toutes les unes après les autres.

ҩ౿

Une Marguerite est bien petite pour voir toutes ces merveilles ; vos yeux s'y fatigueraient peut-être bien vite ; voici venir une belle plante qui vous rendra le travail facile.

Prenez l'*Hélianthe annuel* (*Helianthus annuus*), que vous connaissez sous le nom de *Soleil ;* c'est comme une énorme Marguerite, dans laquelle vous distinguerez facilement toutes les pièces que nous avons analysées ; vous constaterez même en surplus que chacune des fleurs, — fleurons ou demi-fleurons, — est pourvue d'un calice formé par deux écailles.

❦

Je n'ai pas terminé : prenez maintenant un vulgaire *Pissenlit*, le *Pissenlit dent-de-lion* (*Taraxacum dens leonis*). Chacune des pièces jaunes qui le constituent est encore une *fleur complète* avec calice, corolle, étamines, pistil, conséquemment une fleur hermaphrodite. Le Pissenlit diffère de la Marguerite et du Soleil en ce que chaque fleur est une ligule ou demi-fleuron ; il n'y a point de fleurons.

❦

Ce n'est pas tout encore ; prenez la *Centaurée bluet*, le bluet des moissons (*Centaurea cyanus*) ; encore autant de fleurs que de pièces, celles de la circonférence plus grandes, bleues, le plus souvent stériles par l'avortement des étamines et des pistils, celles du centre plus petites, rougeâtres, hermaphrodites ; *toutes* sont des fleurons entiers ; il n'y a pas de demi-fleurons.

❦

La *Marguerite*, le *Pissenlit*, le *Bluet*, ont donc pour caractère commun d'offrir sur un

réceptacle unique, dans un involucre commun, une très grande quantité de petites
fleurs agglomérées ; ces trois plantes appartiennent à une même famille, qui, en raison
de cet agencement tout particulier, a reçu le
nom de famille des *Composées*.

Si, armés de votre loupe, vous étudiez attentivement l'organisation de toutes ces fleurettes, vous constaterez que dans toutes celles qui portent des étamines, les anthères
sont soudées entre elles par leurs bords ; ce
caractère commun a fait encore donner à
cette famille le nom de famille des *Synanthérées*.

Cette seconde dénomination, quoique
moins usitée, est préférable à la première ;
car il y a des plantes qui ont leurs fleurs réunies aussi dans un involucre commun, sans
appartenir à la famille dont nous parlons ; je
vous citerai pour exemple les *Scabieuses* qui
appartiennent à la famille des *Dipsacées*.

☙

La famille des Synanthérées renferme un
très grand nombre de genres et d'espèces ;
c'est la plus vaste de tout le règne végétal,
puisque le dixième environ des plantes phanérogames connues, lui appartiennent.

Elle est une de ces grandes familles qu'on
a dû diviser en sous-familles et en tribus.

D'après ce que je vous ai dit tout à l'heure, vous comprendrez merveilleusement
qu'une première division toute naturelle
s'offrait aux botanistes ; ils n'ont pas man-
qué de l'adopter. Dans un premier groupe,
ils ont réuni toutes les plantes dont la *fleur
composée* est constituée par des demi-fleurons à la circonférence et par des fleurons au
centre, toutes les plantes faites à l'image de
la Marguerite ; à ce groupe, ils ont donné le
nom de sous-famille des *Tubuliflores corym-
bifères*.

Dans un second groupe, ils ont rassemblé
toutes les plantes dont le *capitule* (tel est le
vrai nom de la fleur composée) est constitué par des demi-fleurons, celles faites à
l'image du Pissenlit, et ils ont donné à ce
groupe le nom de sous-famille des *Liguliflores* ou des *Chicoracées*.

Dans un troisième groupe, enfin, devront
entrer toutes les plantes dont le *capitule* est
constitué uniquement par des fleurons, celles
analogues au Bluet, et ce groupe portera le
nom de sous famille des *Tubuliflores proprement dites*, ou *Tubuliflores-cynarocéphales*.

శ్రీ

A titre d'exemples, et pour faciliter l'é-
tude à laquelle vous voudriez vous livrer, je

vous cite les principaux végétaux qui appartiennent à chacune des trois sous-familles
dont je viens de vous donner les noms :

1º Sous-famille des Tubuliflores-corym-
bifères. — *Calendule*, *Aunée*, *Immortelle*,
*Soleil*, *Camomille*, *Chrysanthème*, *Pyrèthre*,
*Seneçon*, *Cinéraire*, *Arnica*, *Verge d'or*, *Aster*, *Pâquerette*, etc., etc.

2º Sous-famille des Liguliflores. — *Chicorée*, *Pissenlit*, *Scorzonère*, *Laitue*, *Laitron*,
*Epervière*, etc., etc.

3° Sous-famille des tubuliflores-cynarocéphales.— *Chardon*, *Artichaut*, *Centaurée*,
*Bardane*, *Xéranthème*, etc., etc.

La leçon est un peu dure cette fois ; mais
aussi que de choses vous saurez, quand vous
l'aurez une fois bien comprise !

ಲ

J'ai pris le diable par les cornes en adop-
tant pour les sous familles les horribles déno-
minations que vous trouverez dans tous les
ouvrages les plus récents ; il fallait bien vous
mettre à même de pouvoir vous en servir au
besoin ; ceux ou celles d'entre vous que ces
noms effaroucheront les remplaceront par les
suivants, qui sont en vérité beaucoup plus
euphoniques, et que, pour ma part, je pré-

fère de beaucoup aux premiers : *Radiées*, *Semi-Flosculeuses, Flosculeuses.*

❧

En quatre pages je complète ce que j'ai à vous dire sur les espèces qui nous ont servi d'exemples.

Le *Leucanthème commun (Leucanthemum vulgare, Lam ),* que plusieurs auteurs nomment avec Linné *Chrysanthemum leucanthemum,* qui pour vous est la *Grande-Marguerite,* se reconnaît à sa tige élevée de 40 à 50 centimètres, striée, rameuse, glabre ; à ses feuilles *radicales* spatulées, à ses feuilles *caulinaires* (de la tige) dentées en scie, surtout au sommet. Dans les lieux herbeux de nos montagnes, vous en trouverez une variété qui porte le nom de *montanum,* dont quelques auteurs ont fait le *Leucanthemum montanum,* et que vous reconnaîtrez à sa tige simple, uniflore, tout entière garnie de feuilles étroites et allongées.

*Leucanthème* vient de *leukos* blanc, et *anthos* fleur, *Chrysanthème* de *chrysos* or et *anthos* fleur.

Abondant dans nos bois de montagne est aussi le *Leucanthème en corymbe (Leucanthemum corymbosum)*; vous ne pourrez le confondre avec le précédent, quand vous aurez vu ses nombreuses fleurs, de moitié plus

petites, étalées en corymbe au sommet de
nombreux rameaux, et ses feuilles pennatiséquées à segments lancéolés aigus, finement
dentés en scie.

ༀ

L'*Hélianthe annuel* (*Helianthus annuus*),
vulgairement *Tournesol*, *fleur du soleil*,
*grand soleil*, est originaire du Pérou ; je vous
ferais injure en le décrivant. Ses graines sont
recherchées par les petits quadrupèdes, tels
que les loirs et les écureuils, et aussi par la
plupart des oiseaux ; elles contiennent une
huile abondante dont on peut se servir, aussi
bien pour la table que pour l'éclairage. Les
feuilles sont une excellente pâture pour le bétail ; dans certaines localités, le réceptacle
charnu se mange comme celui des artichauts.

L'*Hélianthe tubéreux* (*Helianthus tuberosus*), vulgairement *Topinambour*, *poire de
terre*, *crompire*, est originaire du Chili. Cette
espèce a des fleurs beaucoup plus petites et
des feuilles épaisses à trois nervures pri-
maires.

Tous les bestiaux sont friands de son tubercule qui ne déparerait pas nos tables, n'était
la routine qui l'en écarte au profit exclusif
de la pomme de terre. Outre que la saveur est
tout autre et d'une finesse qui n'est nullement
à dédaigner, il faut considérer que le Topi-

nambour vient à peu près sans culture dans
les terrains marécageux qui n'ont qu'une médiocre valeur, et qu'il ne craint en aucune
façon les gelées auxquelles sont si sensibles
les pousses délicates de la pomme de terre.

༺༻

J'arrive au *Pissenlit dent de lion* (*Taraxacum dens leonis*) ; je ne vous décrirai pas non
plus cette plante, trop commune pour ne pas
être connue de vous.

Examinez-la, alors que ses fruits sont mûrs,
et vous vous rendrez compte de la facilité avec
laquelle elle se propage ; tous sont surmontés
d'une charmante aigrette (calice persistant et
accru), qui, emportée par les vents, transporte
en tous lieux et souvent à des distances considérables l'espoir des générations futures.

Je n'ai pas à vous apprendre que, jeune, le
Pissenlit est une salade recherchée pour son
agréable amertume, qu'à tout état, il est aimé
des bestiaux. Les médecins français se servent peu du Pissenlit : ils ont tort ; les Anglais, beaucoup mieux avisés, se trouvent fort
bien de l'emploi de cette plante, qui est un
bon tonique dépuratif.

Le *Pissenlit des marais* (*Taraxacum palus-
tre*), diffère peu du précédent ; vous le reconnaîtrez à ses folioles de l'involucre toutes
dressées, à ses feuilles presque entières.

18

Sur nos côteaux arides, à Chenôve, pour ne pas aller plus loin, vous recueillerez le *Pissenlit lisse (Taraxacum lœvigatum)*, toute petite espèce, qui ne s'élève jamais au-dessus de quelques centimètres, à feuilles très glabres, pinnatifides et recourbées vers le sol.

*Taraxacum* vient des deux mots grecs *tarakè* trouble, et *akéomai* je guéris.

Reste la *Centaurée bluet (Centaurea cyanus)* ; vous en avez tressé des couronnes ; vous en avez fait des bouquets champêtres ; vous en avez jonché les chemins aux jours de solennités religieuses : c'est la plante aimée, et cependant ce n'est pas une plante nationale ; il serait difficile de dire à quelle époque elle a été introduite en France ; mais il paraît certain que notre sol ne l'a pas spontanément produite dès l'origine, et qu'elle nous vient des montagnes de la Sicile.

On l'appelle encore *barbeau, aubifoin, foin blanc ;* nos pères lui donnaient le nom triomphant de *casse-lunettes ;* dans le siècle dernier, l'eau distillée du Bluet guérissait toutes les maladies des yeux ; le Bluet de nos jours est moins complaisant.

# XIII

Une pièce quelconque, d'un des verticilles quelconques de la fleur, n'est pas autre chose qu'une feuille plus ou moins profondément modifiée : telle est la formule d'une règle dont vous trouverez les principes exposés dans tous les ouvrages, sous un titre analogue à celui-ci : *De la métamorphose des organes floraux.*

❧

C'est une chose bien digne de notre admiration que la simplicité des moyens employés par la puissance créatrice pour former les organes les plus dissemblables, et destinés à remplir les fonctions les plus variées. La plante est constituée par un axe central (tige et racine) et par des appendices ou pièces la-

térales disposées sur cet axe ; la *feuille* est
*l'appendice type;* diversement modifiée, selon
que tel ou tel rôle lui sera assigné, elle deviendra *la feuille bractéale,* la bractée, *la
feuille calicinale* le sépale, *la feuille corolline*
le pétale, *la feuille staminale* l'étamine, et
enfin *la feuille carpellaire* le carpelle.

સ્ટ

C'est une admirable *harmonie* qui résulte
de la simplicité de ce plan, harmonie commune à tous les végétaux universellement
considérés, harmonie commune à tous les
organes d'un végétal envisagé dans son indi-
vidualité.

Dans le même ordre d'idées, il faut s'é-
merveiller de l'harmonie qui confond dans
un plan identique les divers animaux qui vivent à la surface de la terre : je ne puis ré-
sister à la tentation de vous la démontrer en
examinant rapidement la structure des animaux supérieurs.

સ્ટ

Tous les animaux *vertébrés,* mammifères,
oiseaux, poissons, reptiles, sont organisés
comme l'*homme,* qui ne doit son surnom de
*roi de la création* qu'à la perfection générale
de son organisation.

Tous possèdent des centres nerveux (cer-veau et moelle épinière), chargés d'élaborer la pensée, de produire le mouvement, de percevoir les sensations.

Tous ont un appareil circulatoire dont le centre est le cœur, dont les artères et les veines sont les canaux distributeurs.

Tous ont un appareil respiratoire, le poumon, destiné à restituer au sang les qualités nutritives qu'il avait perdues.

Tous ont un appareil digestif, constitué par des organes de préhension, d'insalivation, de mastication, etc., etc., et destiné à réparer incessamment au moyen de l'*alimentation* les pertes subies par l'organisme général.

Tous ont des organes des sens, qui les mettent en rapport avec les objets extérieurs.

❧

Chez tous, c'est le même organe qui sert à remplir la même fonction ; il est seulement *modifié* pour s'adapter aux modalités fonctionnelles qui sont propres à chacun d'eux.

J'arrive au point précis de la comparaison que je voulais établir : l'animal supérieur, l'homme, possède quatre membres, deux bras et deux jambes : ce sont les *membres types*, merveilleusement appropriés aux fonctions qu'ils doivent remplir.

Tous les autres mammifères ont également

ces quatre membres parfaitement développés,
conformes au type, modifiés seulement en raison de la *station quadrupède* à laquelle ils
sont condamnés.

Les oiseaux ont également ces quatre
membres ; ces animaux devaient voler ; les
deux membres supérieurs, les bras, se sont
élargis en ailes empennées.

Les poissons devaient nager ; leurs membres se sont tous les quatre transformés en
nageoires.

Les reptiles sauriens (Lézards, crocodilles),
les reptiles chéloniens (Tortues) ont encore
les quatre membres parfaitement distincts.
Les reptiles ophidiens (Serpents) devaient
ramper ; on ne voit plus que rarement les
traces extérieures des membres ; la plupart
d'entre eux, attentivement disséqués, offrent
encore à l'observateur des vestiges cachés de
ces membres pour eux inutiles ; il semble
que la puissance créatrice ait voulu que là
encore on pût constater l'harmonieuse unité
du plan qu'elle s'était tracé.

Nous sommes bien loin de notre feuille
l'organe appendiculaire type, qui, modifié,
va se métamorphoser en sépale, pétale, éta-

mine ou carpelle ; nous y reviendrons dans notre prochaine causerie. Cette digression n'aura pas été absolument inutile, si, comme je n'en doute pas, elle vous a donné à réfléchir sur l'harmonie universelle qui relie *tous les êtres organisés vivants.*

_ On a dit : *Les cieux racontent la gloire de Dieu ;* ne pensez-vous pas que les plantes et les animaux la racontent en termes non moins éloquents ?

Le soir, après dîner, n'allez-vous pas parfois, fuyant les promenades bruyantes, respirer l'air sur les bords de notre Canal, jusqu'au petit hameau de Larrey, que je ne puis jamais revoir sans me rappeler nos écoles buissonnières du temps passé ?

Que d'années envolées depuis ces coupables matinées, où nos consciences bourrelées de remords nous interdisaient les pures jouissances d'un plaisir légitime ! Si les années ont disparu, les plantes sont restées ; si communes quelles soient, on peut en faire un joli bouquet champêtre. Hier soir, mes enfants en ont fait un ; nous allons l'analyser.

J'y vois en abondance la *Carotte commune* (*Daucus carota*), de la famille des *Ombellifères* Les tiges atteignent souvent un mètre, rameuses, striées, couvertes de poils et de

tubercules ; les feuilles sont grandes, finement découpées en segments lancéolés-linéaires. Les ombelles blanches sont nombreuses,
à 20 ou 30 rayons que terminent autant
d'ombellules composées chacune d'un très
grand nombre de petites fleurettes de dimensions inégales ; un involucre à folioles pinnatifides accompagne l'ombelle ; un involucelle
à folioles entières accompagne l'ombellule.

ॐ

Chaque fleur examinée à la loupe vous
offrira l'organisation suivante : Calice à 5
dents ; corolle à 5 pétales inégaux, tous émar-
ginés et infléchis au sommet, l'extérieur beaucoup plus grand que les autres ; 5 étamines
insérées comme les pétales, au sommet du
tube du calice ; 2 carpelles que vous devez
étudier sur une ombelle défleurie, et qui,
mûrs, sont deux fruits hérissés de longues
soies transversales.

Regardez bien une ombelle ; n'y voyez-vous
pas quelque chose de plus ? Ne vous semble-
t-il pas qu'un insecte a établi son domicile
au centre des fleurs blanches ? Il y a là, en
effet, un point d'un rouge noirâtre, c'est une
fleur ; à cette fleur ne succèdera jamais un
fruit ; les carpelles manquant, elle restera
nécessairement stérile.

Remarquez en terminant que dans l'ombelle fructifère, les rayons, d'horizontaux qu'ils étaient tout à l'heure, sont devenus fortement obliques, et comme les extérieurs sont beaucoup plus allongés que les intérieurs, cette nouvelle direction donne à l'ombelle la forme d'une coupe.

જી

C'est la Carotte sauvage qui, cultivée, s'est transformée en un grand nombre de variétés alimentaires si communément employées pour la nourriture, soit de l'homme, soit des animaux. La Carotte est un bon aliment ; elle contient une grande quantité de sucre, un peu d'amidon, d'albumine et de gluten, plusieurs acides et une huile d'une nature spéciale. Ce sont les variétés rouges qui sont communément préférées pour la nourriture de l'homme ; pourquoi ? Je n'ai jamais pu le deviner ; certaines variétés fourragères, blanches à collet vert, sont infiniment plus sucrées, se conservent tendres beaucoup plus longtemps, et n'acquièrent jamais la saveur âcre et forte qui fait rejeter cet aliment dans l'arrière-saison.

La Carotte est peu employée en médecine; les anciens la donnaient contre la jaunisse, et d'autres maladies du foie : la bile est jaune, la Carotte est jaune, donc la Carotte est excellente quand la bile ne fonctionne plus normalement : on n'a jamais pu obtenir

d'eux d'autres raisons. Dans un vieil auteur,
j'ai lu autrefois quelque chose comme ceci :
L'or, qui est jaune, est le roi des métaux ;
l'ictère (jaunisse) est donc une maladie
royale : la couleur jaune du suc de la Carotte
en fait un médicament royal ; donc la Carotte guérit la jaunisse.

Trêve de plaisanterie. La Carotte peut être
utile comme tout autre émollient quand le
foie et l'estomac sont irrités ; elle est un aliment léger d'une facile digestion : c'est là
tout. Si jamais vous allez à Vichy, ce dont
Dieu vous garde, pour traiter une affection
du foie, vous trouverez à tous les repas un
plat de Carottes à table d'hôte ; mangez-en, si
vous les aimez, mais ne vous croyez pas obligés.

Le *Daucus carota* est une des plantes les
plus communes ; vous la trouverez partout en
abondance ; l'Ouest et le Midi de la France
possèdent un grand nombre d'espèces de
*Daucus*.

Dans mon bouquet, j'aperçois une autre
ombellifère, le *Panais cultivé (Pastinaca sa-
tiva)* ; je le décris en peu de mots : Tige cannelée, rameuse, glabre ; feuilles simplement
ailées à folioles larges et dentées ; ombelles à
20-30 rayons inégaux ; involucre et involucelle nuls ; fleurs jaunes ; carpelles oblongs,
larges, ailés.

Comme la racine de la Carotte, celle du Panais sert à l'alimentation ; elle contient jusqu'à douze pour cent de sucre ; les Irlandais font bouillir et fermenter avec du houblon la racine du Panais et obtiennent ainsi une sorte de bière qui n'est pas désagréable. Dans certaines parties de l'Allemagne du Nord, les paysans en font un sirop qui leur sert de sucre.

La graine de Panais, fortement amère et aromatique, peut être utile à défaut des médicaments ordinairement employés ; des médecins dignes de foi affirment hautement ses propriétés fébrifuges.

ॐ

Quelles sont ces belles fleurs purpurines formant de superbes épis ? Ce sont celles de la *Salicaire commune* (*Lythrum Salicaria.*) Les enfants l'ont cueillie au-delà de l'écluse de Larrey, dans ces fossés qui séparent les vignes du chemin de halage ; elle se plaît dans les endroits humides, au bord des étangs ou des rivières.

Ses tiges sont hautes d'un mètre et plus, fermes, quadrangulaires, rameuses au sommet ; les feuilles sont sessiles, opposées, quelquefois ternées, lancéolées, entières ; les fleurs sont verticillées le long d'un long épi.

Le calice est cylindrique, strié, à 12 dents inégales ; la corolle est à 4, 5, le plus souvent

6 pétales oblongs, insérés au-dessus du calice ;
les étamines sont au nombre de 8 à 12, insérées vers le milieu du tube du calice ; un style
filiforme, un stigmate capité, surmontent une
capsule membraneuse qui, à la maturité, se déchire souvent en lambeaux irréguliers.

☙

La Salicaire a été autrefois fort employée
comme astringente dans les affections des
voies intestinales ; le dédain qu'on en fait aujourd'hui n'est peut-être pas suffisamment
justifié ; les sots caprices de la mode régissent
tout, à l'heure présente ; ne devraient-ils pas
au moins respecter les médicaments ?

Je lis dans un auteur moderne que les habitants du Kamtschatka mangent cuites les
feuilles de la Salicaire, comme on fait ailleurs des épinards, et qu'ils boivent la décoc-
tion de la plante en guise de thé ; qu'ils mangent aussi la moelle des tiges, crue ou cuite,
comme un mets recherché, et, mettant fermenter cette moelle dans de l'eau, qu'ils en
font une sorte de vin, qu'on peut convertir en
vinaigre et qui donne de l'eau-de-vie à la dis-
tillation.

Dans nos bois de la plaine, vous rencontrerez la *Salicaire à feuilles d'hysope* (*Lythrum
hyssopifolia*). Vous la distinguerez à ses tiges
beaucoup plus petites, florifères dès la base,

à ses fleurs solitaires à l'aisselle des feuilles, à son calice glabre.

❧

Dans la flore de la Côte-d'Or, publiée en 1831 par MM. Lorey et Duret, vous pourrez lire une longue et minutieuse description d'une *Salicaire à feuilles alternes* (*Lythrum alternifolium*). Un échantillon unique avait servi à édifier cette nouvelle espèce, qui n'est qu'une erreur reconnue depuis par les savants auteurs de l'ouvrage que je citais tout à l'heure ; je transcris à cette place les termes mêmes dont se sert le docteur Duret dans un ouvrage manuscrit daté de 1867 : « Notre
» *Lythrum alternifolium* n'est pas une es-
» pèce, pas même une variété. Ce n'est qu'un
» accident, une déformation produite par une
» cause inconnue, ayant agi très probable-
» ment sur un individu du *Lythrum hyssopi-*
» *folia*. »
Le genre *Lythrum* et le genre *Peplis* cons-tituent la petite famille des *Lythrariées* fran-çaises.

❧

La description complète de mon bouquet vous conduirait bien jusqu'à l'hiver : encore une plante, et je termine.
Je choisis la plus coquette, la plus gra-

cieuse ; la voyez-vous se contournant en capricieux festons, enlacer ses compagnes de captivité, et étaler pêle-mêle ses couronnes de fleurs roses? C'est la *Coronille bigarrée (Coronilla varia)*, de la famille des *Papilio- nacées*.

C'est une plante vivace aux tiges herba- cées, rameuses, étalées en guirlandes, aux feuilles imparipennées à 8 à 12 paires de folioles, aux fleurs d'un blanc rosé, disposées par 12 environ pour former une infinité de délicieuses couronnes. Je ne vous analy- serai pas la fleur, qui est celle de toutes les Papilionacées ; je vous dirai seulement que son pistil mûr est une gousse tétragone ar- quée, terminée par un bec filiforme et divisée au moyen d'étranglements en un plus ou moins grand nombre de renflements auxquels correspondent autant de graines.

❧

A ces quatre espèces, ajoutez la Lychnide dioïque, la Saponaire officinale, le Liseron des haies, que vous connaissez de longue date ; entourez le tout de ces élégantes gra- minées qui habitent le bord de l'eau, et tout préjugé mis de côté, avouez-moi sincèrement que mon bouquet, qui ne me coûte rien, est cent fois plus joli que celui si chèrement acheté à la fleuriste du théâtre.

## XIV

La feuille, organe unique, organe type, se
modifie, se métamorphose, et sous les nouvelles formes qu'elle affecte, devient sépale,
pétale, étamine ou carpelle ; telle est la pro-
position que j'ai formulée dans notre dernière
causerie ; il me reste à la démontrer.

Les pièces du calice sont, de toute la fleur,
celles qui ressemblent le plus à des feuilles.
Les éléments anatomiques sont les mêmes ;
la charpente accusée par la nervation est
identique ; la couleur verte est le plus souvent commune aux feuilles et aux sépales ; la
forme est souvent encore la même ; un sépale ressemble, en résumé, à une miniature
de feuille.

ℰℰ

Dans certaines plantes, la différence paraît
énorme entre une feuille et un sépale ; il importe de bien choisir ses exemples pour faire

la démonstration que je vous ai promise ;
avec tous les auteurs, je prendrai le *Camellia*,
la *Rose à cent feuilles* et la *Pivoine à fleurs
blanches*.

Examinez un Camellia; ses cinq sépales ne
sont-ils pas exactement semblables à cette
multitude de petites feuilles qui les entourent ? Ces petites feuilles elles-mêmes, que
vous connaissez sous le nom de *bractées* ou
*feuilles bractéales*, ne sont-elles pas semblables aux feuilles qui croissent le long de la
tige ? seule les distingue une différence de dimension.

ᕫᕤ

Examinez aussi les cinq sépales d'une Rose
à cent feuilles ; vous en verrez deux plus extérieurs, qui vous rappelleront par leur structure la feuille composée du rosier ; ils sont
constitués comme par un pétiole commun
fort élargi, qui porte une petite foliole sur
chacun de ses côtés. Un troisième sépale ne
porte la petite foliole que sur un seul de ses
côtés ; les deux derniers sépales, les plus intérieurs, sont réduits au pétiole surmonté de
la foliole terminale ; leurs deux côtés sont
dépourvus de folioles. Avec ce remarquable
exemple, vous pouvez suivre dans un même
calice toutes les transitions de la feuille au
sépale.

C'est le calice de la Rose à cent feuilles qui a donné lieu à cette énigme latine bien connue :

*Quinque sumus fratres, unus barbatus et alter ;*
*Imberbesque duo, sum semi-berbis ego.*

C'est le sépale qui porte une seule foliole sur un de ses côtés, qui prononce ces paroles : *Nous sommes cinq frères ; deux sont barbus, deux sont imberbes ; quant à moi, je ne suis barbu que d'un côté.*

Prenez enfin la Pivoine à fleurs blanches : ses feuilles les plus inférieures sont grandes et profondément divisées ; elles étalent jusqu'à huit ou dix limbes. Plus haut sur la tige, les dimensions deviennent moindres et le nombre des expansions diminue. Montez encore plus près de la fleur, ce n'est plus qu'une petite feuille à trois segments. Sous la fleur elle-même, touchant le calice, il n'y a plus qu'une toute petite feuille entière ; les divisions ont disparu. Arrivent enfin les *folioles calicinales,* qui ne diffèrent de la précédente que par la forme qui leur est propre, laquelle forme est nécessitée par la nature des fonctions qui leur sont dévolues.

La démonstration faite pour les pièces du calice, nous allons la faire pour celles de la corolle.

Il faut reconnaître que les pétales sont ordinairement formés par un tissu plus délicat que celui des sépales, que le plus souvent aussi, d'éclatantes couleurs leur donnent une toute autre apparence ; l'organisation anatomique est encore cependant la même, à quelques légères modifications près. C'est encore à l'aide d'exemples que je prétends établir l'identité de nature entre ces diverses parties de l'appareil floral. Toutes les transitions que nous avons constatées entre les feuilles, les bractées et les sépales, vous allez les constater encore entre les sépales et les pétales.

❦

Dans le Nymphéa blanc, les sépales sont de même forme et de même grandeur que les pétales, et si leur face inférieure est verte, leur face supérieure revêt la couleur blanche des pièces de la corolle.

Dans la Pivoine à fleurs blanches, vous trouverez toutes les transitions imaginables entre le sépale et le pétale ; c'est une métamorphose insensible, dont toutes les phases sont fort curieuses à étudier.

Dans le Magnolia à grandes fleurs, dans le

*Calycanthus floridus* surtout, c'est à ne plus savoir si telle ou telle pièce est sépale ou pétale ; dans cette dernière fleur, qui possède un très grand nombre de pièces formant les enveloppes florales, il est véritablement impossible de déterminer où finit le calice, où commence la corolle.

Il me serait facile de multiplier ces exemples ; je vous en citerai deux encore parmi les fleurs qui vous sont familières.

Portez votre attention sur une fleur bien double de Camellia ; le passage graduel des sépales aux pétales est accusé de la manière la plus évidente.

Dans une multitude de nos variétés de *Roses*, vous trouverez des sépales dont le tiers, la moitié, se transforme en tissu pétaloïde rose, rouge ou blanc, selon la couleur des pièces qui constituent la corolle. Dans ce dernier exemple, qu'il vous sera si facile d'étudier, la démonstration est tellement évidente, qu'à lui seul, il entraîne la conviction.

Je m'arrête ici ; samedi prochain, je vous prouverai tout aussi facilement que les étamines et les carpelles ne sont aussi que des feuilles modifiées.

Je vous parlerai aujourd'hui d'une plante
qui fait grand bruit dans le monde, et au sujet de laquelle il est bon de propager des vé-
rités généralement ignorées ; c'est l'*Arnica
des montagnes (Arnica montana)* qui va me
fournir le sujet d'une bonne partie de cette
causerie.

L'Arnica appartient à la famille des *Synanthérées*, sous-famille des *Radiées*. C'est une
plante de 25 à 60 centimètres, d'un vert pâle,
pourvue vers le sommet de poils mous et
glanduleux ; ses fleurs sont jaunes ou oran-
gées.

La tige est raide, dressée, le plus souvent
simple et uniflore, quelquefois cependant un
peu rameuse au sommet et alors bi-triflore.
Les feuilles radicales sont étalées en rosette
sur le sol ; celles de la tige se réduisent à une
ou deux paires, *opposées* et écartées. La racine est fibreuse, brune en dehors, blanchâtre
en dedans, rampant obliquement dans le sol
à une faible profondeur, émettant de très
nombreuses fibrilles.

ଐ

La fleur collective (le capitule) est constituée à la circonférence par un grand nombre
de languettes oblongues, veinées, tridentées,
d'un superbe jaune d'or ; vous savez déjà que
ces languettes, — ligules ou demi-fleurons, —

sont autant de fleurs femelles. Au centre, se groupent une multitude de petits fleurons qui sont des fleurs hermaphrodites ; les stigmates de ces dernières sont épais et surmontés d'une pointe conique, pubescente. Tous les petits fruits (akènes), résultant de la maturité des ovaires, sont des cylindres munis de côtes ; ils sont tous couronnés par une aigrette formée d'un seul rang de poils raides et plumeux. Le réceptable est nu, et l'involucre composé de folioles égales, imbriquées sur deux rangs.

Vous saurez tout à l'heure la raison de cette description plus minutieuse et plus complète que celles que j'ai l'habitude de vous infliger.

ର୍ୟ

On croit généralement, et l'on a raison de croire que l'*Arnica* est une plante douée de propriétés énergiques ; car telle est la vérité. Mais on ignore généralement aussi quelles sont ces propriétés, et l'on fait de ce médicament un emploi le plus souvent ridicule, quelquefois fort dangereux.

On se sert de la racine, des feuilles et des fleurs.

La plante a une odeur aromatique assez forte pour déterminer l'éternuement ; elle est âcre et amère au goût ; une résine odorante,

une matière amère et nauséabonde, de l'acide
gallique, une matière colorante jaune, des
sels de chaux et de potasse, une huile bleue
d'une nature particulière, paraissent être les
principes actifs de l'Arnica.

Administré à haute dose, l'Arnica irrite
d'abord les voies digestives, et surexcite ensuite les centres nerveux : c'est un énergique
excitant qui peut produire un tel trouble dans
l'innervation que la mort peut en être le résultat.

ᘓᘓ

De ce qui précède, il résulte nécessairement que l'Arnica est un médicament qui
peut rendre de grands services, toutes les
fois qu'il sera utile d'exciter le cerveau ou la
moelle épinière, et consécutivement les nerfs
qui en dérivent : aussi a-t-il été employé avec
avantage dans une multitude d'affections parmi lesquelles je vous citerai les fièvres ty-
phoïdes, les fièvres intermittentes, la dyssen·
terie, le catharre, l'asthme, les paralysies, le
ıhumatisme, etc , etc. Inutile, n'est-ce pas,
de vous dire que c'est au médecin seul qu'il
appartient de juger dans quelles circonstances spéciales et à quelles doses le médicament peut être donné sans danger.

ᘓᘓ

J'arrive au point intéressant : vous vous croiriez perdus, si, *contusionnés*, vous n'absorbiez immédiatement quelques gouttes d'Arnica, si l'on n'en imbibait pas les linges qui vont recouvrir la partie contuse ; l'Arnica est le *vulnéraire* par excellence, c'est l'*herbe aux chutes*, c'est la *panacée universelle*.

Il y a là une immense exagération : dix-neuf fois sur vingt, la contusion n'a aucune gravité : elle se guérira seule ; l'eau froide est le médicament préférable. Appliqué sur la partie contuse, l'Arnica ne signifie à peu près rien ; administré à l'intérieur, à petite dose, il est inutile ; à haute dose, il pourrait être dangereux.

Dans les cas graves, dans les contusions de la tête par exemple, quand on peut redouter des collections sanguines ou séreuses, quand, anéanti, le malade stupéfait, pâlit, s'affaisse, l'Arnica peut être d'une réelle utilité, mais pris à l'intérieur comme excitant général, et non comme un topique vulnéraire appliqué sur la partie contuse.

Telle est la vérité sur l'Arnica ; j'estime qu'il n'était pas inutile qu'on la connût.

Tout ce que je viens de vous dire là, je ne l'ai jamais dit à mes malades ; je me serais fait lapider, ou, au meilleur marché, j'aurais passé pour un ignorant. Tous tant que nous sommes, nous laissons faire, nous trempons même consciencieusement nos pièces de pan-

sement dans de l'eau additionnée de teinture
d'Arnica ; s'il arrivait quelque accident im-
prévu, nous aurions ainsi couvert notre res-
ponsabilité.

❧

On croit l'Arnica commun dans notre pays;
il est au contraire fort rare : c'est une plante
des Alpes, des Pyrénées et des Vosges ; dans
la Côte-d'Or, elle ne croît qu'aux prés de
*Saint-Léger*, dans le canton de *Saulieu*. Les
paysans de nos campagnes ont la naïveté de
croire qu'ils font à plaisir d'abondantes récoltes d'Arnica : c'est une erreur ; ils récol-
tent tous une espèce du genre *Aunée*, l'*Inula
montana*, si commune sur nos coteaux pierreux, qu'il est en effet facile d'en faire d'am-
ples provisions. Les herboristes peu scrupu-
leux, ont encore accrédité cette erreur que
vous ne commettrez pas, surtout après la
description que je vais vous faire de l'*Aunée
des montagnes*.

❧

Vous comprendrez la confusion en apprenant que de même que l'Arnica, l'Aunée des
montagnes appartient aux *Synanthérées-ra-
diées*, et que la couleur de leurs fleurs est la
même. C'est à dessein que je vous ai minu-

tieusement décrit l'Arnica ; la comparaison vous permettra de ne plus confondre les deux plantes.

L'Aunée des montagnes ne dépasse jamais 20 à 30 centimètres : elle est plus ou moins velue, quelquefois laineuse jusque près du collet ; les feuilles caulinaires, sont *alternes*, au nombre de six à huit, d'autant moins grandes qu'elles se rapprochent davantage du sommet de la tige ; elles sont couvertes de longs poils soyeux.

La *fleur collective* est moins grande que celle de l'Arnica ; les fruits sont velus ; l'involucre, également velu, est composé de folioles inégales, les externes blanches-tomenteuses sur le dos, les internes jaunâtres et pubescentes.

Je me donne bien du mal inutilement ; rien qu'à ses feuilles *alternes*, vous distinguerez l'Aunée des montagnes de l'Arnica, qui a les siennes *opposées*.

La Côte-d'Or produit encore, à l'état spontané, l'*Aunée Conyze* (*Inula Conyza*), l'*Aunée à feuilles de Spirée* (*Inula spiræifolia*), l'*Aunée à feuilles de Saule* (*Inula salicifolia*), et l'*Aunée britannique* (*Inula britannica*).

Vous trouverez la première à la lisière des bois, dans les fentes des pierres, dans les carrières, etc.; la seconde est commune sur nos montagnes de la Côte, surtout à l'exposition du midi ; la troisième, beaucoup moins com-

21

mune, se trouve dans nos prairies monta-
gneuses ; sa station la plus rapprochée de
Dijon est le bois d'*Arcelot ;* la dernière, enfin, affectionne le voisinage des rivières et des
étangs ; elle croît en grande abondance sur
les berges de la Saône, dans la petite ville de
*Seurre.*

Pour abréger, je vous donne le tableau dichotomique de nos cinq espèces du genre
*Inula :*

| | | |
|---|---|---|
| **1** | Demi-fleurons de la circonférence ne dépassant pas les folioles de l'invo-lucre . . . . . . . . . | *Inula conyza.* |
| | Demi-fleurons de la circonférence dépassant longuement les folioles de l'involucre . . . . . . . | **2** |
| **2** | Feuilles complètement glabres. . . | *Inula Spiræïtolia.* |
| | Feuilles plus ou moins velues ou herissées. . . . . . . . . | **3** |
| **3** | Fruits (akènes) glabres . . . . | *Inula Salicina.* |
| | Fruits (akènes) velus . . . . . | **4** |
| **4** | Feuilles très velues sur les deux faces ; involucre à folioles inégales. . | *Inula montana.* |
| | Feuilles mollement velues ; involucre à folioles égales . . . . . . | *Inula britannica.* |

## XV

J'ai pris l'engagement de vous démontrer
que les étamines et les carpelles ne sont, de
même que les sépales et les pétales, autre
chose que des feuilles modifiées ; je vous
crois tout disposés à penser que c'est là un
engagement téméraire : vous ne tarderez pas
à être détrompés.

Je commence par les étamines ; quand
j'aurai prouvé leur identité de nature avec
les pétales, j'aurai par là même démontré
leur identité de nature avec les feuilles.

ॐ

Ce sera bientôt fait : il me suffira de vous
prier de reprendre encore une fois une fleur
de nymphéa blanc et de déterminer, si vous
le pouvez, le point précis où finissent les pétales et où commencent les étamines.

Cherchez bien, cherchez encore ; eh bien !
Mais je vois vos yeux exprimer la surprise ;
ne cherchez plus : vous ne trouveriez pas,
et la preuve est faite.

Dans la fleur que vous examinez, il y a un
grand nombre de pétales, un grand nombre
d'étamines, toutes pièces disposées en spi-
rales sur le réceptacle. En avançant vers le
centre de la fleur, les pétales deviennent de
plus en plus étroits ; des anthères commencent à s'ébaucher à leur sommet ; plus à
l'intérieur encore, ces anthères prennent un
développement graduel de plus en plus complet ; le limbe pétaloïde se transforme peu à
peu en filet, et c'est par des transitions in-
sensibles que vous arrivez à l'étamine parfaite.

C'est ainsi, mes chers élèves, que la nature révèle elle-même ses secrets ; c'est ainsi
que la puissance créatrice dévoile ses plans à
qui sait l'interroger ; une découverte en
amène une autre ; les lois de l'organisation
se formulent ; elles se complètent, s'expli-
quent réciproquement, et ainsi s'amasse len-
tement, mais sûrement, le bagage scientifique
que les générations se transmettent.

❧

Vous n'aurez pas tous les jours une fleur
de Nymphéa à votre disposition ; je dois donc
multiplier les demonstrations.

Qui de vous ne connaît la *Rose des chiens* (*Rosa canina*), la Rose sauvage, l'Eglantine qui couvre les haies, de quelque côté que vous dirigiez vos promenades ? Cinq sépales, cinq pétales, un très grand nombre d'étamines, de nombreux carpelles renfermés dans la base charnue du calice, tels sont les éléments qui constituent cette fleur, quand l'art du jardinier n'intervient pas pour la modifier. Ce sont des fleurs sauvages semblables à celle-là qui sont la souche de toutes les belles variétés de roses cultivées dans les jardins.

Comment s'est donc opérée la transformation ? Là où il n'y avait que cinq pétales, vous en voyez quarante, cinquante, cent peut-être. D'où viennent-ils ? Est-ce du néant que la culture a tiré cette immense quantité de pétales ? Non ! Observez bien une Rose *double*, une de ces Roses si doubles qu'on les appelle *pleines ;* les étamines ont pour la plupart disparu. Immense majorité dans la Rose simple, elles sont infime minorité dans la Rose pleine ; *elles se sont transformées en pétales.*

En voulez-vous une preuve irrécusable ? Fouillez au centre de la fleur, vous trouverez toutes les transitions ; vous trouverez des pièces qui ne sont plus des étamines, qui ne sont pas encore des pétales ; vous trouverez des pétales qui portent des anthères à leur sommet ; vous trouverez des étamines à filet pétaloïde. Ceux-là seuls d'entre vous ne seront

pas convaincus, qui auront des yeux pour ne
point voir !

ৎে

Ce que je viens de vous dire pour la Rose,
je pourrais vous le dire pour la plupart des
fleurs doubles, telles que les Pivoines, les
Renoncules, les Camellias, etc. Aussi remar-
querez-vous que ce sont précisément toutes
les fleurs pourvues de très nombreuses étamines qui sont le plus facilement doublées au
moyen des procédés culturaux.

Je ne voudrais pas que, généralisant d'une
manière trop absolue les phénomènes dont je
viens de vous rendre témoins, vous pensiez
que tout pétale complémentaire est nécessairement le résultat de la transformation d'une
étamine. Il faut reconnaître que certaines
fleurs doublent, en conservant leur même
nombre d'étamines, et conséquemment que
le nombre normal des pièces est augmenté
dans les fleurs dont il s'agit ; je vous citerai
notamment les Jacinthes et les Campanules.
Ces faits particuliers n'infirment en aucune
façon ma démonstration.

ৎে

Préparés comme vous l'êtes maintenant, il
vous serait difficile de supposer que les
pièces du quatrième verticille, du pistil, du

gynécée, — ce qui est tout un, — ne sont
pas des feuilles modifiées, de même que celles
des trois verticilles précédemment étudiés ; il
en est ainsi en effet ; cette dernière démonstration terminera l'étude de la *métamorphose
des feuilles.*

ഛ

Au premier abord, il semble qu'il n'y ait
aucune analogie entre une feuille et un carpelle ; vous allez voir comme il est facile d'é-
tablir cette analogie.

Chez certaines plantes, elle est à peine
masquée ; je vous en cite immédiatement
une que vous connaissez, le *Baguenau'lier en
arbre (Colutea arborescens).* Vous souvenez-
vous de ce fruit dont les parois emprisonnent
tant d'air qu'elles forment une sorte de vessie
qui éclate avec bruit, quand on vient à la
comprimer brusquement ?

Ouvrez ce fruit en rompant une de ses su-
tures ; n'aurez-vous pas une expansion foliacée, dont la forme, la structure, l'organisation vous rappelleront la feuille ? La famille
des Papilionacées, celle des Crucifères, vous
offrent de nombreux exemples de carpelles,
qui, ainsi étalés, décèlent leur origine foliacée.

ഛ

Dans le *Balisier de l'Inde* (*Canna Indica*), cette plante ornementale que nous cultivons surtout en raison de son magnifique feuillage, l'ovaire est surmonté d'un style unique qui ressemble à s'y méprendre à un pétale.

Dans le Cerisier à fleurs doubles, vous trouverez des pistils dans lesquels les carpelles avortés sont demeurés à l'état de feuilles.

Si vous n'avez pas vu la *Rose verte* vous en avez au moins entendu parler. La Rose verte n'est pas autre chose qu'une *monstruosité* dans laquelle sépales, pétales, étamines et carpelles, sont restés à l'état de feuilles ; la métamorphose est demeurée incomplète. Il y a sept ou huit ans, j'ai pu récolter au Jardin Botanique, sur un pied de Capucine, des fleurs complètement vertes dont toutes les pièces affectaient l'apparence foliacée.·

La preuve est faite, n'est-il pas vrai ? Voulez-vous maintenant savoir quel est le botaniste qui, le premier, a exposé nettement les lois de la métamorphose : c'est encore un étonrement que je vous ménage ; car ce botaniste n'est autre que l'auteur de *Faust*, l'immortel Gœthe, dont le seul tort est d'appartenir à une nation dont je n'aime plus à prononcer le nom.

ৎ৩

Voici venir l'automne, mes chers élèves ; les plantes en fleur vont devenir de plus en plus rares ; mon choix sera désormais fort limité.

Dans les localités froides, vous trouverez encore la *Clématite des haies (Clematis vitalba)* ; si vous n'avez pas le bonheur de rencontrer des fleurs tardives, les fruits du moins ne vous échapperont pas.

Les haies sont couvertes des tiges grimpantes et sarmenteuses de la Clématite ; les bois en sont pour ainsi dire infestés ; ces tiges sont anguleuses, feuillées dans toute leur longueur, qui peut atteindre jusqu'à 5 à 6 mètres. Les feuilles sont opposées, à pétiole tortile, à larges segments ovales-lancéolés, le plus souvent incisés-dentés ; c'est à l'aide de ses pétioles que la plante s'accroche aux corps qui l'environnent ; des groupes de charmantes fleurs blanches émergent de cette sombre verdure. Quel joli ornement pour un chapeau de paille de vacances que les rameaux entrelacés de la Clématite !

꧁꧂

La fleur de la Clématite n'a qu'une seule des deux enveloppes florales ; le plus souvent 4, quelquefois 5 ou 6 pièces d'un beau blanc constituent ce périanthe qui n'est pas, comme vous pourriez le croire, une corolle, mais bien un calice ; quand, l'année prochaine, je vous aurai appris ce qu'il faut en-

22

tendre par la *symétrie* d'une fleur, je vous
prouverai ce que je me contente aujourd'hui
d'affirmer. Remarquez, en passant, que les
sépales sont velus-tomenteux sur les deux faces ; on dirait d'une étoffe finement feutrée.

Les étamines d'un blanc jaunâtre sont
nombreuses autour des carpelles.

Rien de plus joli que ces amas de carpelles mûris qui succèdent aux fleurs ; ils ressemblent à d'immenses panaches soyeux ;
prenons-un de ces fruits, et voyons comment
il est constitué. Il est d'un brun jaunâtre,
oblong-suborbiculaire, aplati, bordé tout à
l'entour ; une aigrette plumeuse le surmonte ;
elle n'est autre chose que le *style* qui s'est
démesurément accru.

❦

La Clématite est une plante de la famille
des *Renonculacées ;* elle possède les propriétés âcres et irritantes de la plupart des plantes de cette famille; on l'appelle vulgairement
*Viorne ;* elle a aussi reçu le nom d'*Herbe aux
gueux,* qui lui vient d'une pratique à laquelle
se livraient autrefois des mendiants, qui
trompaient la commisération publique, en
étalant aux portes des églises des plaies ul-
céreuses obtenues au moyen de l'application
réitérée des feuilles de la Clématite ; ces ul-
cères se guérissant très facilement, rien ne

leur était plus facile que de revenir, à volonté, en état de santé parfaite.

Le mot Clématite vient du grec *Klèma* qui
veut dire pampre.

෨ఴ

Nous cultivons de nombreuses espèces de
Clématites ; je vous citerai la *Clématite flam-
mette* (*Clematis flammula*) qui croît sur nos
rives méditerranéennes ; la *Clématite droite*
(*Clematis recta*) commune dans nos Pyrénées,
acclimatée dans les bois de Boulogne et de
Vincennes ; la *Clématite à vrilles* (*Clematis
cirrhosa*), originaire de Corse ; la *Clématite
viticelle* (*Clematis viticella*) , aux belles
fleurs bleues, originaire de l'Europe australe;
j'en ai trouvé quelques pieds naturalisés sur
les haies qui bordent la rivière d'Ouche entre
Plombières et Dijon.

Je vous citerai encore la *Clématite de Virgi-
nie* (*Clematis virginiana*), la *Clématite à grandes fleurs (Clematis florida)* et la *Clématite à
feuilles entières (Clematis integrifolia)*, que
nous devons, la première à l'Amérique bo-
réale, la seconde au Japon, la dernière à la
Hongrie.

෨ఴ

Vous savez que les forêts tropicales sont
peuplées de lianes gigantesques qui leur don-

nent un aspect inconnu dans nos contrées ;
nos lianes, à nous, sont plus modestes; la
Clématite en est une ; le Lierre en est une
autre; parlons donc un peu du *Lierre grimpant (Hedera helix)*, qui fleurit précisément
en septembre.

La plante vous est bien connue; aussi
m'abstiendrai-je de toute description générale : je n'attirerai votre attention que sur
les détails intéressants.

Le Lierre s'accroche à toutes les aspérités
qu'il rencontre, non pas au moyen de racines
ou de suçoirs destinés à pomper des sucs nu-
tritifs, mais au moyen de *crampons*, simples
organes de fixation; le Lierre n'est pas un
parasite comme la *Cuscute ;* il se nourrit aux
dépens du sol, et non au préjudice des arbres
qu'il enlace de ses replis ; s'il les tue, c'est
en les embrassant.

Les fleurs de Lierre sont disposées en ombelle subglobuleuse à nombreux rayons couverts de poils étoilés ; leur couleur verdâtre ,
leur petite dimension, font qu'elles passent
souvent inaperçues; dans les lieux ombragés, elles n'apparaissent même pas.

Le calice est fort petit, à cinq dents ; cinq
pétales lancéolés, pubescents, étalés, parcou-
rus par une nervure saillante constituent *l*

corolle ; les étamines sont au nombre de cinq;
une baie à cinq loges succède à un ovaire in-
fère.

ം

Le privilége qu'ont les feuilles du lierre, de
rester toujours vertes, fait de cette plante le
plus charmant ornement de nos bois et de
nos parcs ; des troncs d'arbres centenaires en
sont littéralement tapissés ; ils semblent vivre
quand tout sommeille autour d'eux. C'est à
ce privilége que le lierre doit d'avoir été célé-
bré par les anciens : en Egypte il était consa-
cré à Osiris, en Grèce au dieu Bacchus ; de
nos jours il sert encore à faire des couronnes
et des guirlandes ornementales Le bétail
mange avidement ses feuilles, malgré leur
amertume prononcée ; ses fruits ont des propriétés purgatives devant lesquelles ne recu-
lent ni les merles ni les grives.

Certains troncs de lierre sont de la grosseur
du corps de l'homme ; le bois en est léger et
poreux ; on l'emploie à faire des filtres pour
les fontaines de ménage ; d'une gomme-ré-
sine qui en découle, on fabrique un vernis
employé dans la peinture.

ം

L'*Hedera helix* est notre unique spécimen
indigène de la famille des *Araliacées ;* la plu-

part des plantes de cette famille, très voisine de celle des Ombellifères, croissent dans les régions tropicales des deux mondes.

Elle renferme peu d'espèces utiles à l'homme; je ne puis cependant me dispenser de vous citer le *Panax à cinq feuilles* (*Panax quinquefolium*) : c'est le *Ginseng* des Chinois, qu'ils appellent encore *Esprit pur de la terre, Recette d'immortalité, Reine des plantes ;* rien ne justifie ce luxe d'appellations flatteuses, aussi n'ont-elles plus aucune valeur vénale, les racines de Ginseng qui se vendaient autrefois plus de trois fois leur poids d'argent pur.

## XVI

Je vous parlerai aujourd'hui de la *Florai-son* des plantes ; les botanistes appellent ainsi la période de la vie d'une plante pendant laquelle a lieu l'*épanouissement* des fleurs ; l'épanouissement s'entend du moment précis où le *bouton* passe à l'état de *fleur*, c'est-à-dire où les enveloppes florales s'écartent pour laisser voir les organes reproducteurs.

ତୋ

La durée de la floraison varie, pour ainsi dire, avec chaque espèce ; elle varie encore pour chaque espèce, selon les climats sous l'influence desquels elle se développe.

Nos Cerisiers, nos Abricotiers, nos Pêchers, je pourrais dire à peu près tous nos arbres fruitiers, ont une floraison qui dure à peine quelques jours ; les Anémones, les Violettes fleurissent à peine pendant quelques semaines ; il en est de même des Tulipes, des Jacinthes, des Silènes, des Myosotis, qui forment le contingent habituel de nos plantations ornementales printanières.

Pour les plantations définitives, nous choisissons les plantes dont la floraison est de longue durée, telles que les Pelargonium, les Verveines, les Phlox, les Œillets, les Marguerites, les Héliotropes, etc., etc.

ல

Les plantes que je viens de vous citer peuvent être qualifiées de plantes à *floraison continue ;* dans les provinces méridionales, l'Oranger et le Citronnier sont à peu près en perpétuelle floraison ; enfin, ainsi que je vous le disais tout à l'heure, le climat a une telle influence sur l'évolution de certains végétaux, que la vigne, par exemple, qui ne fleurit qu'une seule fois dans nos climats tempérés, fleurit et fructifie deux, trois et même quatre fois par année, sous les latitudes tropicales.

ல

Dans nos pays, les plantes qui fleurissent toute l'année sont excessivement rares ; la plupart ont leur époque de prédilection. Les unes sont printanières ou *vernales;* à celles déjà' citées, ajoutez le *Bois-gentil (Daphne mezereum)*, le *Cornouiller (Cornus mas)*, la *Primevère (Primula officinalis)*, le *Noisetier (Corylus avellana)*, etc., etc. Les autres sont *estivales;* vous les connaissez. D'autres sont *automnales;* ainsi est-il de l'*Adonis d'automne (Adonis autumnalis)*, du *Lierre (Hedera helix)*, du *Topinambour (Helianthus tuberosus)*, etc., etc. D'autres enfin sont *hibernales;* je vous citerai l'*Hellébore d'hiver (Eranthys hyemalis)*, la *Prêle d'hiver (Equisetum hyemale)*, etc.

∞

Linné avait fait de nombreuses observations sur l'époque de la floraison des plantes suédoises; il eut l'idée d'en dresser un tableau qu'il appela le *Calendrier de Flore.* Vous comprendrez sans peine que la réalité des faits ne répond pas rigoureusement à cette poétique dénomination; vous comprendrez aussi que le calendrier de Flore devra varier singulièrement, selon les climats. Dans nos régions tempérées, vous pourriez accepter comme à peu près exact celui que je dresse à votre intention :

Janvier. — Noisetier *(Corylus avellana)*.

Février. — Bois - gentil *(Daphne mezereum)*.

23

Mars. — Cornouiller (*Cornus mas*).

Avril. — Cabaret (*Azarum Europœum*).

Mai. — Marronnier d'Inde (*Œsculus hip-pocastanum*).

Juin. — Tilleul (*Tilia europœa*).

Juillet. — Houblon (*Humulus lupulus*).

Août. — Laurier-tin (*Viburnum tinus*).

Septembre. — Lierre (*Hedera helix*).

Octobre. — Topinambour (*Helianthus tuberosus*).

Novembre. — Aster à grandes fleurs (*Aster grandiflorus*).

Décembre. — Hellébore noir (*Helleborus niger*).

இௐ

Certaines plantes, qui n'ont qu'une seule floraison dans le cours d'une année, fleurissent quelquefois accidentellement une seconde fois après un repos plus ou moins prolongé ; d'autres, activement nourries, ou bien au contraire savamment mutilées, accusent une tendance non équivoque à une seconde floraison. Les horticulteurs n'ont eu garde de laisser passer ces faits inaperçus ; ils ont encouragé par toutes sortes de moyens ces penchants florifères, et ils ont obtenu ainsi la permanence d'une double floraison pour un certain nombre de végétaux, qui sont l'honneur de nos jardins ; ces végétaux ont reçu le

nom de *remontants ;* tels sont un grand nom·
bre de nos rosiers.

J'aurai terminé tout ce que j'avais à vous
dire sur la floraison, quand j'aurai déterminé
quelles sont les différentes influences qui la
favorisent ou lui nuisent : ce sera l'objet de
notre prochain entretien.

ҩ

L'ennui naquit un jour de l'uniformité.

Cet adage m'épouvante, mes chers élèves,
toutes les fois que j'entreprends une descrip·
tion nouvelle. J'ai beau fourrager dans les familles les plus différentes, c'est bien toujours
à peu près la même chose ; je m'efforce en
vain de varier la forme dont je revêts mes
descriptions, ce sont toujours les mêmes termes qui reviennent ; je ne puis éviter l'*uniformité* du poète, cette vilaine mère de l'ennui, que je voudrais vous éviter. Que d'in-
dulgence il vous faut pour me supporter ;
combien est grand votre désir de savoir, si
vous m'avez suivi jusqu'à ce jour ! Je ne vous
laisserai cependant pas une semaine de répit
jusqu'en novembre ; il faut absolument en
prendre votre parti.

ҩ

Si vous avez parcouru quelquefois les fo·
rêts des environs de Paris, en particulier

cette merveilleuse forêt de Fontainebleau,
qui ne le cède en rien aux plus magnifiques
de l'ancien monde, vous avez dû voir d'immenses tapis de l'*Ajonc d'Europe* (*Ulex europœus*); il est rare dans notre Côte-d'Or ; on
le trouve à *Gerland*, à *Balon*, surtout à *Ar-
nay-le-Duc ;* c'est une plante des terrains siliceux. Il y a une quinzaine d'années, j'en ai
trouvé un véritable petit champ près de notre
village d'*Ouyes.*

Cette plante, connue sous le nom de *Jonc
épineux*, fleurit de mai à juillet ; si je vous en
parle, c'est qu'elle a souvent une seconde
*floraison* en septembre.

❧

L'*Ulex europœus* appartient à la grande
famille des *Papilionacées*, sous-tribu des
*Génistées*. C'est un tout petit sous-arbrisseau
de 20 à 25 centimètres, très rameux, à rameaux diffus terminés en une forte épine,
qui le rend fort désagréable à récolter. Tout
n'est qu'épine dans ce végétal, formidable-
ment armé contre les entreprises soit de
l'homme, soit des bestiaux : un rameau avorté se transforme en épine ; ses feuilles linéaires sont terminées en épines ; c'est une for-
teresse hérissée, qu'on ne sait par quel côté
aborder ; on lui pardonne ce luxe de précautions défensives en faveur de belles et nom-

breuses fleurs jaunes qui lui mériteraient une place dans nos cultures ornementales.

Sa fleur est celle de toutes les Papiliona-cées ; je vous signalerai cependant son calice coloré en jaune, velu, divisé jusqu'à la base en deux lèvres, la supérieure bidentée, l'infé-rieure tridentée, ses étamines *monadelphes* (réunies en seul groupe), son légume velu-hérissé.

Les Bretons sèment le Jonc épineux, le fauchent à l'état jeune, et le broient avec des pilons ; ainsi préparé, il est un excellent ali-ment d'hiver pour les chevaux et les vaches.

Tous les pays n'ont pas, comme le nôtre, le précieux avantage d'avoir un excellent bois de chauffage : certaines contrées sont même si peu favorisées sous ce rapport, que leurs malheureux habitants s'ingénient à trouver le combustible qui leur est néces-saire : le jonc épineux est mêlé avec de la fiente de vache ; quand la décomposition s'est opérée, on en forme des pains qui, sé-chés au soleil, brûlent à peu près comme la tourbe.

Jeune enfin, la plante est un bon fourrage frais et tellement délicat, que le bétail rouge le préfère à tout autre.

L'*Ajonc nain* (*Ulex nanus*), vulgairement

*Bruyère jaune,* aux touffes plus épaisses, aux épines plus fines et plus serrées, au calice à peine pubescent, ne se rencontre que dans les terrains siliceux de l'Autunois et du Morvan.

 ↝

Les *Papilionacées* nous offrent encore un genre dont la plupart des espèces fleurissent aussi en septembre, c'est le genre *Ononis ;* dans les champs en friche, les lieux arides, les bords des chemins, vous foulerez aux pieds l'*Ononis champêtre (Ononis campestris),* bien connu de nos paysans sous les noms de *Bugrane. Arrête-Bœuf, Tendon.* C'est une plante vivace, à tige ligneuse, dressée dès la base, munie d'une ligne de poils qui change alternativement de côté, couverte d'épines divariquées ; la portion souterraine de cette tige non rampante est dépourvue de stolons ; la racine pénètre profondément et verticale-ment dans le sol ; les feuilles sont réunies en faisceaux, brièvement pétiolées, les infé-rieures à trois folioles, les supérieures unifo-liolées ; toutes ces folioles sont petites, oblongues, dentées en scie au sommet.

 ↝

Les fleurs s'épanouissent en grappes feuil-lées ; chacune des feuilles de la partie supérieure des rameaux porte à son aisselle une fleur solitaire supportée par un court pédoncule.

Ces fleurs sont assez grandes, d'un fort joli rose veiné ; les sépales sont lancéolés-linéaires, les pétales sont deux fois plus longs que les pièces du calice ; la gousse est ovale, comprimée, un peu velue, jaunâtre à la maturité, aussi longue que le calice fructifère qui la contient ; les graines, au nombre de 2 à 4, sont ovoïdes, brunes, chargées de tubercules.

Presque aussi commun que l'Ononis champêtre, lui ressemblant beaucoup, est l'*Ononis traçant* (*Ononis procurrens*); vous l'en distinguerez à son odeur fétide, à ses nombreux rejets longuement rampants, à ses tiges couchées sur le sol, à sa gousse plus courte que le calice fructifère.

Les épines des Ononis empêchent les moutons de les brouter ; elles n'arrêtent pas les vaches, les chèvres ni les ânes ; âne se dit en grec *onos ;* peut-être est-ce de ce mot qu'est tiré le nom de notre genre. Les jeunes pousses des Ononis sont mangées en salade par les habitants de plusieurs contrées.

ᘉᘓ

L'*Ononis natrix* (*Ononis natrix*), est une troisième espèce à larges fleurs jaunes : la plante tout entière est velue-glanduleuse, vis-

queuse ; la fleur, assez longuement pédoncu-
lée, est jaune, striée de veines rougeâtres ; la
gousse excède de beaucoup la cavité du calice
fructifère. L'*Ononis natrix*, plus rare que les
deux précédents, se trouve cependant en assez
grande abondance dans un grand nombre de
localités : il est assez commun sur les coteaux
de la route de Plombières ; je l'ai trouvé fort
abondant sur ceux de la *Serrée* de *Nuits*.

Une quatrième et dernière espèce est l'*Ononis de Columna* (*Ononis Columnæ*).

La plante ne dépasse guère 20 à 25 centimètres ; ses fleurs sont petites, d'un jaune
pâle ; la corolle n'est pas plus longue que le
calice ; cette jolie petite espèce est commune
sur nos collines de la Côte, à l'exposition du
Midi ; vous la trouverez en grande abondance
sur les friches de la *Fontaine Sainte-Anne*.

ভ৩

Dans vos promenades, ne négligez jamais
de regarder attentivement les haies ; la végétation y est beaucoup plus variée que vous
ne le pensez ; outre les nombreuses plantes
herbacées qui en font leur logis habituel, les
arbrisseaux qui les constituent appartiennent
à bien des familles différentes ; il n'y a pas
que l'Aubépine, l'Epine noire et l'Eglantier.

La famille des *Solanées* fournit son contingent aux haies de nos pays ; vous ne ferez

jamais de bien longues courses sans rencontrer des broussailles formées du *Lyciet d'Europe (Lycium europœum)*. L'arbrisseau dépasse souvent deux mètres ; ses nombreux
rameaux sont diffus, flexueux, effilés et pendants à leur sommet, d'un blanc grisâtre,
munis de lignes saillantes ; ceux d'entre eux
qui sont avortés se transforment en épines.
Les feuilles sont alternes, oblongues, entières.

༄

Les fleurs, d'un violet clair, sont solitaires
ou fasciculées à l'aisselle des feuilles. Le
calice gamosépale est bilabié, à cinq dents,
dont trois sont souvent soudées ; la corolle
gamopétale à cinq pièces dont le limbe est
étalé ; les étamines, au nombre de cinq,
pubescentes à la base de leurs filets, sortent
longuement de la fleur ; le fruit est une baie
oblongue d'un jaune rougeâtre.

Cet arbrisseau, connu sous le nom de *Jas-
minoïde*, nous vient, dit-on, de l'Asie ; des
botanistes le croient au contraire originaire
du Midi de la France ; servir de haie défen-
sive, paraît être son unique utilité.

༄

Je termine par la *Lavande spic (Lavandula
spica)*, vulgairement *Lavande mâle, spic*,
24

*aspic ;* son nom lui vient du latin *lavare,* eu
égard à l'usage qui en était fait dans l'antiquité pour parfumer les bains.

Vous connaissez la Lavande pour l'avoir
vue dans tous les jardins : c'est une plante
vivace, de la famille des *Labiées,* sous-frutes-
cente, fortement aromatique. aux fleurs bleues
en glomérules disposés en épis terminaux.
Les tiges sont rameuses et touffues, les rameaux florifères nus dans une grande partie
de leur longueur ; les feuilles sont linéaires,
à bords roulés en dessous, les plus jeunes
blanches-tomenteuses. — Les fleurs sont rassemblées par groupes de 3 à 5 ; cette inflorescence est remarquable par la présence de
bractées membraneuses, brunes, d'une forme
carrée.

಄

Le calice quinquidenté est bleuâtre, tomen-
teux, ovoïde, tubuleux, sillonné par une
quinzaine de côtes ; la dent supérieure se
prolonge en un appendice semi-orbiculaire.
La corolle est bilabiée, bleue, pubescente ;
les étamines sont au nombre de quatre, cachées dans le tube de la corolle ; quatre carpelles oblongs, convexes au sommet, complètent cette organisation.

಄

La Lavande a été signalée dans plusieurs
localités de la Côte-d'Or, où elle n'a jamais
été retrouvée depuis ; au mois de juillet 1866,
j'en ai trouvé moi-même deux pieds sur les
coteaux arides, au sud de *Plombières-les-
Dijon*.

La Lavande est très aimée des abeilles qui
y recueillent les plus suaves matériaux pour
la confection de leur miel. Elle a des propriétés aromatiques remarquables, qui la rendent
utile dans les affections nerveuses atoniques,
la débilité des organes digestifs, les affections catarrhales chroniques, etc. On en tire
l'*huile d'aspic*, fréquemment employée en
médecine vétérinaire.

Elle est enfin la base d'une assez grande
quantité de préparations cosmétiques fort
appréciées des personnes qui se sont fait une
nécessité de la toilette de luxe.

# XVII

Terminons aujourd'hui l'étude de la floraison.

L'âge de la plante a une grande influence sur sa floraison. Parmi les plantes annuelles, il en est dont l'existence est tellement courte qu'elles fleurissent, pour ainsi dire, en sortant de terre ; telle la *Drave printanière (Draba verna).*

Les plantes bisannuelles emploient généralement leur première année à former leurs organes végétatifs (racine, tige et feuilles), et ne fleurissent que dans le cours de la seconde année.

Quant aux végétaux ligneux, aux arbres, auxquels est réservée une existence de longue durée, ce n'est, le plus souvent, qu'après un certain nombre d'années, qu'ils se couvrent de fleurs et de fruits.

L'extrême vigueur d'une plante, son état
de santé exubérante, retardent fort souvent
la production des fleurs. Cette influence se
produit souvent sur nos arbres fruitiers, tels
que pommiers et poiriers, et fait le désespoir
des malheureux planteurs, qui souvent igno-
rent la cause de leur désappointement. Dites
à ceux d'entre eux qui ne pourront contenir
leur impatience, que les moyens ne manquent
pas pour contraindre à fleurir les arbres trop
bien portants ; il suffit en effet de les rendre
malades, et, Dieu merci, nos arboriculteurs
usent et abusent d'un luxe de mutilations qui
ne laisse rien à désirer. Ils taillent, ils atta-
chent, ils pincent, ils cassent, ils courbent
tant et si bien, que leurs malheureux arbres
se couvrent de fleurs et de fruits pendant
quelques années, et meurent épuisés par tous
les mauvais traitements dont ils ont été les
victimes. Comprenez moi bien ; je ne veux
pas aller au-delà de ma pensée en disant qu'il
ne faut en rien user de ces pratiques ; c'est
l'abus que je condamne, et malheureusement
l'abus est devenu la règle.

Aux impatients, conseillez plutôt de ne pas
planter, par exemple, des poiriers *greffés sur
franc ;* pour un grand nombre de variétés
qu'ils voudraient assujettir aux formes peu
élevées, ces arbres leur feraient attendre trop
longtemps les premiers fruits ; qu'ils plantent
des arbres *greffés sur coignassier ;* ils seront

beaucoup moins vigoureux, et s'ils durent moins longtemps, ils fleuriront du moins beaucoup plus tôt.

જ

La conséquence logique des observations qui précèdent est que si un excès de vigueur retarde la floraison, la débilité, l'affaiblissement l'accélèrent au contraire. Il semble, dit un auteur moderne, « que la nature se » hâte d'autant plus d'assurer la reproduction » que l'existence de l'individu court plus de » danger. »

Les vieux poiriers, dont l'existence ne semble plus tenir qu'à un fil, sont couverts de fleurs au printemps ; souvent, hélas! les fruits ne répondent pas à ces trompeuses espérances.

જ

Une influence toute-puissante sur la floraison, est celle de la chaleur. Prenons des exemples : un pêcher planté dans un endroit dont la température restera constamment au-dessous de cinq degrés et demi centigrades au-dessus de zéro, ne fleurira jamais ; c'est là un minimum qui lui est indispensable. Ce minimum est de huit degrés pour le pommier et le poirier, de quatorze pour le seigle, de seize

pour l'avoine, l'orge et le blé, de dix-huit pour
la vigne, de dix-neuf pour le maïs, etc.

ೲ

Indépendamment de la température minimum, qui est une condition *sine qua non* de
la floraison, il faut encore que cette température ait duré un certain temps ; il faut, pour
ainsi dire, qu'il se soit accumulé une certaine
somme de degrés, différente pour chaque
plante ; chacune d'elles ne fleurira que quand
elle aura végété dans un milieu qui lui fournira
la somme exigée.

ೲ

Vous conclurez nécessairement de ce qui
précède, qu'une même plante fleurira à différentes époques, selon qu'elle végétera sous
différents climats. Un auteur allemand,
Schübler, veut qu'avec chaque degré de lati-
tude, il y ait une différence d'environ quatre
jours entre les époques de floraison d'une
même plante.

Au premier avril nos pêchers, ne sont pas
toujours en fleur ; au 30 du même mois, les
pêches sont mûres aux îles Canaries.

ೲ

Il m'est impossible de ne pas vous dire en terminant, que toutes les pratiques des horticulteurs qui veulent obtenir des *primeurs*, sont basées sur cette influence de la chaleur.

Les *cultures forcées* reposent toutes sur l'emploi de la chaleur artificielle ; tantôt ce sont des *couches* formées avec du fumier frais, dans lequel la fermentation développe une chaleur tellement intense, qu'il est impossible d'y tenir la main ; tantôt ce sont des *serres* dans lesquelles circulent des cylindres remplis d'eau chaude. On obtient ainsi à volonté la température qui convient aux différentes cultures, et c'est ainsi que les privilégiés de la fortune peuvent avoir sur leurs tables, en plein hiver, des fruits et des légumes frais.

శ్రీ

C'est une curieuse famille que celle des *Solanées ;* la plupart des plantes qui la composent ont des propriétés délétères qui les rendent en même temps fort utiles et fort dangereuses ; vous n'avez pas oublié la Belladone ; je vous entretiendrai plus tard de la Jusquiame, du Datura, du Tabac, etc.

C'est le genre *Solanum* qui va nous occuper aujourd'hui.

Vers l'année 1586, l'amiral Walter Raleigh rapportait du Chili les premiers tuber-

cules de la Pomme de terre, de la *Morelle
tubéreuse (Solanum tuberosum);* c'est en
Bourgogne, en Lorraine, dans les Vosges, que
commença la propagation de cette précieuse
plante, qui, à cette époque, était abandonnée aux bestiaux ; tout le monde sait que c'est
aux efforts persévérants de Parmentier,
pharmacien de l'Hôtel des Invalides, qu'est
due l'introduction de la Pomme de terre dans
l'alimentation de l'homme.

ॐ

J'ai bien peur de rééditer pour la millième
fois peut-être l'histoire du champ de Pommes
de terre de Parmentier : n'importe ! Il me
semble que c'est encore ici sa place.

En matière d'alimentation, on se méfie des
choses nouvelles : on se méfia de la Pomme
de terre, à ce point qu'il était difficile de
trouver un paysan qui voulût en goûter ; les
gens de la campagne répugnèrent même, pendant un certain temps, à la donner à leurs
porcs. Tous les moyens persuasifs échouèrent ;
l'exemple même du roi n'eut aucun succès.
Le pharmacien Parmentier était doublé d'un
philosophe ; il eut recours au stratagème suivant.

A proximité de Paris, dans la plaine de
Grenelle, il amodia une vaste étendue de terrain qu'il fit planter en Pommes de terre, et,

sans rien dire à qui que ce soit, ce champ,
pendant tout le jour, était gardé par des sentinelles invalides dont la consigne apparente
était d'empêcher le maraudage ; la consigne
réelle était de répondre à tous ceux que la
curiosité attirerait autour d'eux, que ce
champ était rempli d'un précieux aliment
que l'on cultivait pour leur usage, et qu'on le
faisait garder de peur des déprédations ; pour
peu qu'on insistât, les malicieux mutilés vous
faisaient venir l'eau à la bouche, en vous indiquant la manière d'assaisonner les tubercules.

Qui de vous ne sait que le fruit défendu a
une saveur toute particulière ? Il en fut ainsi
du tubercule défendu, et c'est précisément
sur un mauvais penchant que le pharmacien
des invalides avait compté. On eut la curiosité de vouloir goûter à un produit aussi soi-
gneusement gardé. Parmentier retirait le soir
ses sentinelles ; l'artifice était donc bien
grossier : il réussit néanmoins sans peine à
se faire voler ses pommes de terre. On fit
mine de rechercher les délinquants ; des pla-
cards apposés en plusieurs endroits mena-
cèrent de peines sévères ; les factionnaires
furent doublés. Malgré toute cette fantasma-
gorie, qui n'eût pas trompé le moins intelli-

gent des observateurs, le champ fut dévalisé dans l'espace de quelques jours : Parmentier avait atteint son but. Dès cette année, la pomme de terre fut cultivée dans les environs de Paris pour la nourriture de l'homme ; lors de la disette de 1793, elle rendit d'immenses services ; aujourd'hui, c'est la plante indispensable.

&#8495;&#8279;

Le *Solanum tuberosum* est une plante de 4 à 6 décimètres, herbacée, molle, à fleurs blanches ou violettes. La tige est épaisse, rameuse, anguleuse ; elle émet des rameaux souterrains dont je vous entretiendrai tout à l'heure. Les feuilles sont pubescentes, pennatiséquées ; les fleurs, disposées en corymbe, ont la même organisation que celles des autres solanées ; le fruit est une baie globuleuse de la grosseur d'une cerise, violacée ou d'un vert jaunâtre.

&#8495;&#8279;

Arrivons maintenant à déterminer la nature organique du tubercule alimentaire connu sous le nom de *Pomme de terre*.

Tout d'abord, vous n'imiterez pas ces personnes, qui ne se donnant pas la peine de réfléchir une seconde, disent que c'est un fruit ; quoique nous n'ayons pas encore étudié le fruit, vous savez déjà qu'il est toujours constitué par les carpelles d'une fleur, fécondés et accrus ; le fruit du *Solanum tuberosum* est la baie qui succède à la fleur ; cette baie contient des graines ; cette erreur est tellement grossière que je ne veux pas m'y arrêter plus longtemps.

Pendant longtemps, les botanistes eux-mèmes, faute d'observations précises, ont regardé la Pomme de terre comme une dépendance de la racine; depuis de longues années déjà, il est reconnu que ce tubercule appartient à la tige.

Semez une graine de pomme de terre ; observez attentivement la germination ; vous constaterez que sur la racine qui va se développer, aucun tubercule n'apparaîtra jamais ; vous constaterez aussi qu'avant que la tige sorte de terre pour développer ses rameaux aériens, elle aura développé des rameaux souterrains, grêles, blanchâtres, pourvus de feuilles rudimentaires, réduites à l'état d'écailles ; c'est à l'extrémité de ces rameaux, ou de ceux qui en dérivent, que se développent les amas féculents qui seront plus tard les tubercules; sur ces tubercules eux-mêmes, vous constaterez la présence de feuilles rudimentaires, à l'aisselle desquelles sont autant de bourgeons; ils sont ce que vous connaissez sous ce nom d'*yeux* de la Pomme de terre.

Ainsi le tubercule de la Pomme de terre est
une portion de la tige ; l'observation directe
s'accorde du reste avec la théorie, puisqu'un
bourgeon ne se développe que sur la tige,
jamais sur la racine.

Ceci connu, vous vous rendrez parfaitement compte du procédé employé par les
cultivateurs pour reproduire la Pomme de
terre ; s'ils semaient les graines renfermées
dans le fruit, ils n'obtiendraient qu'une faible plante, sur les rameaux souterrains de
laquelle ne se développeraient que de fort petits tubercules ; ils ont donc recours à un
procédé plus expéditif, qui est en réalité
celui de la *bouture.* Sèmerez-vous une graine
de saule pour reproduire un saule ? Non !
vous planterez tout simplement en terre un
rameau pourvu de bourgeons, une portion de
tige. Ce n'est pas faire autre chose que de
mettre en terre un tubercule de Pomme de
terre, puisqu'il est une portion de tige pourvue de bourgeons.

၈၁

Savez-vous ce qui se passe alors ? Quelque
chose de fort analogue, en somme, aux phénomènes qui se produisent, lorsque vous semez la graine ; la petite plante en miniature
que renferme la graine est un bourgeon ;
ce bourgeon se nourrit aux dépens des maté-

riaux amassés autour de lui, soit dans les cotylédons, soit dans l'endosperme.

Quand vous mettez en terre un tubercule de Pomme de terre, c'est comme si vous semiez un bourgeon accompagné de la substance qui doit le nourrir, jusqu'à ce que la plante qui en proviendra puisse aller elle-même, au moyen de ses racines, puiser ses aliments dans le sol ; la matière féculente dans laquelle est implantée le bourgeon de la Pomme de terre est une provision alimentaire analogue à celle contenue dans les cotylédons d'une graine de Haricot ou dans l'endosperme d'un grain de Blé.

૭૪૭

Que de choses j'aurais encore à vous dire sur la Pomme de terre ! Je dois me borner et me contenter, en terminant, de vous dire un mot sur la maladie qui la menace déjà depuis longtemps. C'est un champignon parasite, le *Peronospora infestans* qui détermine les ravages dont s'inquiètent à juste titre nos cultivateurs. La spore du redoutable parasite germe sur l'épiderme du tubercule : cette germination consiste dans la formation d'un filament très délié, qui traverse l'épiderme et s'insinue ainsi dans la substance du tubercule ; ce filament s'accroît rapidement, se multiplie, se nourrit aux dépens des cellules,

envah't quelquefois des espaces considérables,
et porte en définitive la mort dans toutes les
parties dans lesquelles il pénètre.

C'est par centaines que se comptent aujourd'hui les *variétés* de Pomme de terre ;
quelques-unes très productives, mais moins
délicates, sont exclusivement cultivées à
l'usage des bestiaux. Parmi celles cultivées
pour l'usage de l'homme, les unes se récol-
tent dès le printemps ; la maturité des autres
s'échelonne jusqu'à l'hiver : on cultive même
des variétés destinées aux différentes préparations culinaires.

Certaines cultures ont exclusivement pour
but la fabrication de la fécule, d'autres celle
de l'alcool.

Tous les terrains conviennent à la Pomme
de terre ; mais le choix des variétés doit être
subordonné à la nature du sol ; les plus délicates, les plus féculentes, préfèrent un sol
léger, chaud et sablonneux. Si l'on veut obtenir un rendement plus considérable, ce
sont d'autres variétés qu'on plantera dans un
terrain argileux, humide.

Notre prochaine causerie sera consacrée
aux autres espèces du genre *Solanum*.

# XVIII

L'étude de l'*épanouissement* doit marcher de pair avec celle de la *floraison*.

Bien avant que la fleur s'épanouisse, tous les organes qui la constituent sont formés ; ils sont pressés les uns contre les autres, à l'abri des influences extérieures qui auraient pu entraver leur développement ; ainsi considérés, ils forment ce qu'on nomme le *bouton*.

Dans un grand nombre de végétaux, le bouton est lui-même protégé par des enveloppes écailleuses ; tels sont ceux de l'Amandier, de l'Abricotier, si craintifs des gelées tardives ; dans la plupart des plantes, le bouton est nu ; le calice hermétiquement clos, forme son enveloppe extérieure.

Quand le moment est venu, le bouton s'entr'ouvre, la fleur s'épanouit.

Il est un certain nombre de plantes dont les fleurs s'épanouissent a heure fixe. Linné, l'auteur du *Calendrier de Flore*, a aussi fait l'*Horloge de Flore*.

L'Horloge de Flore varie quelque peu suivant les pays; dans le nôtre, vous pourrez observer les faits suivants :

Le Liseron des haies (*Convolvulus sepium*) s'épanouit à 3 heures du matin.

Le Salsifis des prés (*Tragopogon pratensis*) s'épanouit à 4 heures du matin.

Le Pavot à tige nue (*Papaver nudicaule*) s'épanouit à 5 heures du matin.

La Belle de jour (*Convolvulus tricolor*) s'épanouit à 6 heures du matin.

Le Nymphéa blanc (*Nymphæa alba*) s'épanouit à 7 heures du matin.

L'Anagallis des champs (*Anagallis arvensis*) s'épanouit à 8 heures du matin.

Le Souci des champs (*Calendula arvensis*) s'épanouit à 9 heures du matin.

La Glaciale (*Mesembryanthemum glaciale*) s'épanouit à 10 heures du matin.

L'Ornithogale à ombelle (*Ornithogalum umbellatum*) s'épanouit à 11 heures.

Le Pourpier comestible (*Portulaca oleracea*) s'épanouit à midi.

La Belle de nuit (*Mirabilis jalapa*) s'épanouit à 5 heures du soir.

Le Silène à fleur nocturne (*Silene noctiflora*) s'épanouit à 6 heures du soir.

Le Cierge à grandes fleurs (*Cereus grandiflorus*) s'épanouit à 8 heures du soir.

Le Liseron pourpré (*Convolvulus purpureus*) s'épanouit à 10 heures du soir.

Si vous étiez curieux d'une liste plus complète, recourez à la *Philosophie botanique* de Linné.

Rien n'est variable comme la durée de l'épanouissement des fleurs. La plupart ne restent épanouies que quelques heures ; ce sont les *fleurs éphémères* de Linné : la fleur du Pourpier comestible, qui s'ouvre à midi, est fermée à une heure ; celle du Nymphéa blanc reste épanouie pendant douze heures. Quelques fleurs privilégiées, celles des *Orchidées* par exemple, restent épanouies pendant plusieurs jours ; la fleur de l'Ornithogale à ombelles se ferme le soir pour se rouvrir le lendemain matin.

L'*horloge de Flore*, plus encore que celle dont nous nous servons habituellement, est soumise à des variations contre lesquelles nous sommes tout-à-fait impuissants ; elle avance ou elle retarde selon que la lumière est plus ou moins éclatante ; elle subit tous les caprices du soleil, son seul régulateur.

Pour peu que vous soyez curieux, vous pourrez vous-même, ainsi que l'a fait de Candolle, vous donner le malin plaisir de la détraquer complètement. Prenez une Belle de nuit, qui normalement s'épanouit le matin pour se fermer le soir ; tenez-la pendant le jour dans une obscurité complète, et, la nuit venue, transportez-la dans un appartement luxueusement éclairé ; la pauvrette, toute désorientée, restera fermée pendant le jour et s'épanouira pendant la nuit.

La Belle de nuit est une de ces plantes dites *équinoxiales* qui, plusieurs fois de suite, épanouissent et ferment leurs fleurs à la même heure du jour ou de la nuit ; on a donné le nom de *sommeil des fleurs* à ce curieux phénomène, qui se relie intimement au *sommeil des feuilles.*

૭ఴ

La chaleur, elle aussi, influe sur l'heure et la durée de l'épanouissement ; c'est encore là une des causes des variations de l'horloge de Flore. Dans les saisons fraîches, au printemps et à l'automne, les fleurs s'ouvrent plus tard et se ferment plus tôt ; dans les pays chauds, elles s'ouvrent plus tôt et se ferment plus tard.

L'horloge de Flore dressée en Suède par Linné retarde d'une heure environ sur celle dressée en France.

୧୬

Quand l'atmosphère est saturée de vapeurs humides, certaines fleurs en sont à ce point influencées, que rompant avec leurs habitudes, elles s'épanouissent ou se ferment sans tenir aucun compte des heures réglementaires. Le *Souci des pluies (Calendula pluvialis)* se ferme quand la pluie menace ; le *Laitron de Sibérie (Sonchus Sibiricus)* ne demeure épanoui que dans une atmosphère humide ; la *Chicorée sauvage (Cichorium intybus)* ne s'épanouit pas le matin quand il va pleuvoir.

Linné a donné à ces fleurs le nom de *Fleurs météoriques*, et le tableau que d'autres botanistes en ont dressé, a été appelé *Hygromètre de Flore*.

୧୬

Vous ne savez peut-être pas, mes chers élèves, que les plantes respirent comme vous et moi, et que comme nous elles périraient, si elles ne pouvaient plus accomplir cette fonction. Je vous ferai un jour l'histoire de la respiration végétale, à laquelle je ne fais aujourd'hui qu'un emprunt. Plus la respiration est énergique chez tout être organisé, plus considérable est la chaleur développée dans les organes respiratoires ; les différentes parties de la fleur respirent, et, au moment de l'épanouissement, elles respirent si énergiquement, qu'il en résulte une production de chaleur parfois considérable.

Au moment où s'ouvre la bractée qui tient emprisonnées les fleurs de l'*Arum cordifolium*, la température s'élève de 25 degrés. Pour parler d'une de nos plantes indigènes, la température s'élève de 9 degrés quand s'entr'ouvre la *spathe* du *Gouet commun* (*Arum vulgare*), que vous trouverez en grande abondance dans le bois du Parc, aux mois de mars et d'avril.

ప

C'est enfin avec l'épanouissement des fleurs que coïncide ce dégagement d'odeurs si variées qui ajoute tant aux charmes d'un grand nombre d'entre elles. Ce sont des huiles essentielles, qui, en se volatilisant, répandent autour des fleurs une atmosphère odorante ; c'est comme un luxe dont elles s'entourent au moment mystérieux de la fécondation.

Ce dégagement d'odeurs a été le sujet de curieuses observations : si la plupart des

fleurs *sentent* d'une manière permanente, il
en est cependant quelques-unes qui choisis-
sent telles ou telles heures de la journée ;
ainsi sont celles de plusieurs *Orchidées ;* les
auteurs citent l'*Epidendrum cuspidatum*, qui
ne dégage son parfum que de minuit à cinq
heures du matin, le *Cattleya bulbosa*, de six
à onze heures du matin, etc., etc.

Je vous en ai assez dit sur l'épanouissement
pour piquer votre curiosité, et vous engager
à observer vous-mêmes les curieux phénomènes qui l'accompagnent.

ଛଓ

Vous n'avez pas oublié que nous devons
aujourd'hui terminer l'étude du genre *Solanum :* l'espèce la plus importante, le *Solanum
tuberosum*, ayant fait l'objet de notre dernier
entretien, j'espère arriver au terme de la
tâche que je me suis imposée ; finissons-en
d'abord avec les espèces comestibles.

De moindre importance est la *Morelle tomate* (*Solanum lycopersicum*), vulgairement
connue sous les noms de *Tomate, Pomme
d'amour*. La physionomie générale est celle
de la morelle tubéreuse ; seulement la tige
se développe beaucoup plus ; les rameaux
souterrains font défaut ; les feuilles sont plus
profondément dentées, les fleurs sont jaunes ;
le fruit surtout ne permet aucune confusion ;

il est gros, irrégulier, anguleux, sillonné,
d'une belle couleur vermillon ; des graines
jaunes et velues sont plongées dans une
substance rouge acidule dont vous connaissez
les usages culinaires.

La tomate est originaire de l'Amérique
méridionale ; il est peu de personnes qui
n'aiment pas le goût de la tomate, dont la
pulpe fournit de précieux matériaux aux mé-
nagères économes qui ne dédaignent pas l'art
utile d'accommoder les restes.

ക

Je dois vous signaler encore la *Morelle mé-
longène* (*Solanum melongena*), connue plus
vulgairement sous le nom d'*Aubergine.*

La tige est encore herbacée ; les feuilles
sont ovales, cotonneuses, souvent sinueuses ;
les pédoncules refléchis, sont renflés au sommet ; le calice est hérissé d'épines ; la fleur
est blanchâtre ou purpurine.

La partie comestible est le fruit, énorme
baie, lisse et brillante, ordinairement d'un
beau violet foncé, d'une forme ovoïde-allon-
gée, presque sphérique dans certaines variétés ; la plus usitée est connue sous le nom
de *Poule qui pond.*

L'Aubergine est originaire des Indes orien-
tales ; les habitants du midi de la France ont
pour ce fruit une prédilection qui n'est pas

généralement partagée dans le nord. Il faut
avoir la précaution de ne manger que les
fruits parfaitement mûrs ; autrement, ils
pourraient occasionner des accidents en raison de la *solanine* qu'ils contiennent.

જ્ઞ

La Côte-d'Or produit spontanément trois
espèces du genre *Solanum ;* la plus commune,
que vous rencontrerez partout, dans les lieux
cultivés, sur les décombres, près des habitations, est la *Morelle noire (Solanum nigrum)*.
C'est une plante de deux à cinq décimètres,
à peine velue ; sa tige est herbacée, plus souvent rameuse que simple. munie de poils
courts, épars ; les rameaux sont pourvus de
lignes saillantes et dentelées. Les fleurs blanches, sont petites et disposées en corymbes
pauciflores ; les pédicelles pubescents sont
réfléchis et épaissis au sommet. Les feuilles,
d'un vert sombre, sont ovales, quelquefois
entières, le plus souvent sinuées-dentées. Le
fruit est une petite baie noirâtre, dont il faut
se méfier, malgré sa saveur aigrelette. La
plante tout entière exhale une odeur désagréable.

Pendant la floraison, la Morelle noire est
une plante émolliente comme la Mauve ; lors
de la maturité des baies, elle devient narcotique ; c'est donc un calmant dont on peut

27

se servir à la campagne en l'absence d'un meilleur médicament.

D'une variété à baies jaunes, les botanistes ont fait la *Morelle à fruits jaunes (Solanum chloro-carpum); d'une autre à fruits rouges, la *Morelle rouge (Solanum miniatum).*

ॐ

La *Morelle velue (Solanum villosum)* est beaucoup plus rare que la précédente ; c'est une plante méridionale, que, pour ma part, je n'ai jamais rencontrée dans mes excursions ; les auteurs de la *Flore de la Côte-d'Or* ne l'ont-ils pas confondue avec la variété *Chlo-rocarpum* de l'espèce précédente ? Quoi qu'il en soit, si jamais elle s'offre à vos regards, vous l'en distinguerez à ses fleurs du double plus grandes, à ses pédicelles très velus, à sa corolle trois à quatre fois plus longue que le calice, à ses feuilles d'un vert blanchâtre, velues-tomenteuses ; ses propriétés sont identiques.

ॐ

Notre dernière espèce indigène est une cé-lébrité pharmaceutique ; vous avez cité la *Morelle douce-amère (Solanum dulcamara);* elle doit à son antique réputation d'avoir été baptisée d'une foule de noms dont je vous cite les principaux : *Morelle grimpante, Herbe à la quarte, Herbe à la fièvre, Vigne sauvage, Vigne de Judée, Vigne vierge, Loque,* etc.

La Morelle douce-amère est un sous-arbris‑seau que vous trouverez sur tout le sol fran‑çais, dans les fossés humides, sur les haies, au bord des ruisseaux, de préférence dans les endroits ombragés.

La tige, qui atteint presque deux mètres de longueur, est grêle, sarmenteuse, grimpante, quelquefois légèrement pubescente. Les feuil‑les sont ovales, en cœur à la base, aiguës au sommet, alternes et entières, les supérieures souvent divisées en trois segments.

Les fleurs sont disposées vers le sommet des tiges, en corymbes rameux, opposés aux feuilles ; les pétales sont quelquefois blancs, le plus souvent violets ; le fruit est une baie arrondie, à deux loges, rouge à l'époque de la maturité, accompagnée du calice persis‑tant, renfermant un petit nombre de graines réniformes. Toutes les parties de la plante, froissées dans les doigts, exhalent une odeur légèrement nauséeuse.

જ૦

Le *Solanum dulcamara* est une plante or‑nementale recherchée pour couvrir les ber‑ceaux et les murs en terrasse ; ses jolies fleurs en été, ses fruits rouges en automne, justifient la faveur dont il est l'objet.

Les chèvres et les moutons le broutent sans inconvénient ; les renards l'aiment à ce point, qu'on se sert avec succès de cette plante pour les attirer dans les piéges qu'on leur tend.

La substance active de la Douce-amère est la *solanine,* corps pulvérulent, blanc, opaque, inodore, d'une saveur nauséeuse amère ; elle se trouve dans les feuilles, dans les fruits, surtout dans les jeunes rameaux ; c'est à cette substance que la Douce-amère doit les propriétés thérapeutiques qui la font employer en médecine.

৭৫

La Douce-amère agit directement sur le tube digestif, médiatement sur le cerveau et le système nerveux. Administrée à haute dose, elle détermine, dans une faible mesure, les accidents toxiques de la Belladone, de la Jusquiame et du Datura.

Vantée autrefois d'une manière exagérée, la Douce-amère est aujourd'hui beaucoup trop négligée ; elle rend de grands services dans les affections chroniques de la peau.

৭৫

Je pourrais vous citer un grand nombre d'espèces du genre *Solanum* cultivées au point de vue ornemental : le manuel général des plantes de Jacques et Herincq, n'en décrit pas moins de cent cinquante ; je me contenterai, pour terminer, de vous signaler une espèce très anciennement cultivée, la *Morelle Faux-Piment (Solanum pseudo-capsicum);* c'est l'*Amomum des jardiniers*, le *petit Cerisier d'hiver*, la *Cerisette*, le *Pommier d'amour*, l'*Oranger du Savetier*.

Ce joli petit arbrisseau, originaire de *Madère*, se couvre en été de jolies petites fleurs blanchâtres, auxquelles succèdent un très grand nombre de mignonnes baies globuleuses rouges ou jaunes, d'un charmant effet, et d'une fort longue durée.

# XIX

Je vous ai assez souvent parlé des *Bractées*,
pour que ce mot ne soit pas nouveau pour
vous, et pour que vous ayez quelque idée de
l'organe qu'il désigne. Les bractées occupent
une place si importante dans la structure de
certaines fleurs ou de certains groupes de
fleurs, elles prennent tant de noms divers, selon les différentes formes qu'elles affectent,
qu'il est tout à fait indispensable de vous
faire faire avec elles plus ample connaissance.

֍

Il y a des plantes qui ne portent pas de
bractées ; le Nénuphar jaune, le Nymphéa
blanc, n'ont pas de bractées. L'Anagallis des

champs, le Lin cultivé, de la base au sommet, portent des feuilles semblables ; c'est à
peine si les supérieures, à l'aisselle desquelles
naissent les fleurs, sont un peu plus petites
que les inférieures ; cette légère différence
dans la dimension ne suffit pas pour en faire
des bractées : ce sont simplement des *feuilles
florales*.

*
* *

Ce n'est pas ainsi que les choses se passent
le plus habituellement ; le plus souvent, les
feuilles qui avoisinent la fleur sont si peu
semblables aux autres, soit par leur dimension ou leur configuration, soit par leur tex-
ture ou leur coloration, elles ont été si profondément *modifiées*, qu'un nom nouveau
devenait nécessaire ; les bractées, vous le
voyez, ne sont autre chose que des feuilles
modifiées : c'est comme un essai de métamorphose, c'est comme une métamorphose de
transition avant la grande métamorphose
dont je vous ai fait l'histoire, en étudiant
avec vous l'origine des différentes parties
constitutives de la fleur.

*
* *

Les feuilles ne sont pas disposées au hasard
sur la tige : nous étudierons un jour les lois
qui président à leur arrangement ; je veux

simplement vous dire aujourd'hui que les bractées sont soumises aux mêmes lois.

Il arrive parfois que les feuilles se transforment en vrilles, en épines ; les Gesses, l'Epine-vinette, vous offrent des exemples de cette métamorphose d'un nouveau genre : certaines plantes portent des bractées qui subissent des transformations analogues ; ainsi du *Barleria*, plante exotique de la famille des *Acanthacées*, dont les bractées se transforment en épines ; ainsi du *Bauhinia* dont les bractées se transforment en vrilles.

Ces faits, parmi tant d'autres, démontrent encore l'identité de nature entre les feuilles et les bractées.

※

Si les bractées sont le plus ordinairement situées sur la tige au-dessous des fleurs, il n'en est cependant pas toujours ainsi ; quelques plantes, en petit nombre il est vrai, portent au-dessus de la fleur une touffe de bractées qui leur donne un aspect tout particulier. Ce sont ces bractées démesurément développées qui forment le panache qui couronne l'*Ananas*. Ce sont encore elles qui surmontent les fleurs de la *Lıvande stœchas* (*Lavandula stœchas*) et contribuent à leur beauté en étalant de larges expansions d'un bleu violacé.

※

Le Tilleul porte une bractée fort curieuse :
c'est une expansion étroite et allongée, d'un
jaune paille, élégamment veinée, ne rappelant en aucune façon la forme de la feuille ;
le pédoncule qui porte la fleur paraît inséré
sur le milieu de cette bractée. Il n'en est rien
en réalité ; la vérité est que la portion inférieure de ce pédoncule se soude avec la nervure médiane de la bractée.

ॐ

Nous cultivons, au point de vue ornemental, certaines plantes dont les bractées magnifiquement colorées affectent une telle disposition, qu'elles paraissent au premier abord
être les fleurs elles mêmes. Méfiez vous de
ces trompeuses apparences et examinez de
près la *Sauge éclatante (Salvia splendens);*
les plus belles pièces de cette belle fleur bré-
silienne ne sont autre chose que des bractées
splendidement colorées en rouge.

L'année dernière, j'ai eu la bonne fortune
de pouvoir montrer à mes auditeurs un pied
fleuri du *Bougainvillea spectabilis,* arbrisseau grimpant, originaire du Brésil. Une fleur
jaune toute petite, à peu près insignifiante,
est encadrée dans de larges bractées roses,
disposées de telle sorte, qu'on les prendrait
volontiers pour les enveloppes florales, tandis

que la vraie fleur tout entière ressemble de loin à un pistil central.

J'ai trop à vous dire encore sur les bractées pour espérer en finir aujourd'hui ; à samedi prochain la suite de cette étude.

લ&

Nous sommes arrivés à une époque de l'année où les fleurs deviennent rares ; à l'abondance de l'été succède la pénurie de l'automne; en cherchant bien, nous trouverons cependant encore à glaner.

Une bien belle fleur orne en ce moment nos prairies : c'est celle du *Colchique d'automne (Colchicum autumnale);* les paysans l'appellent *Veilleuse , Veillotte, Tue Chien, Safran bâtard.*

Elle sort de terre, souvent isolée, sans feuilles; on dirait d'une fleur qu'un enfant vient de cueillir quelque part et de ficher en terre ; si vous voulez l'arracher, vous la briserez au niveau du sol, sans jamais pouvoir l'obtenir tout entière ; son tube démesurément allongé s'enfonce profondément pour aboutir à un bulbe volumineux, auquel vous n'arriverez qu'en creusant tout autour, ou bien en enlevant une large motte de terre avec un instrument convenable ; supposons l'opération faite et analysons cette singulière plante.

Les racines sont composées d'un grand
nombre de fibres entrelacées, placées sous un
bulbe arrondi, charnu, à chair blanchâtre,
enveloppé d'une tunique brunâtre ; du sommet de ce bulbe, part un périgone longuement tubulaire, terminé par six pièces d'un
beau rose-lilas ; six étamines sont insérées
au sommet du tube ; l'ovaire est placé profondément en terre, au fond du tube du périgone.

Telle est tout entière la plante telle qu'elle
apparaît en octobre ; la fécondation va cependant s'opérer : pendant tout l'hiver, les
carpelles fécondés vont rester enterrés, bra-
vant les gelées et les neiges, et au printemps
prochain, les fruits sortiront de terre, envelop-
pés dans de grandes et longues feuilles d'un
beau vert.

C'est un tour de force de la nature : dédai-
gneuse de sa marche ordinaire, elle a voulu
que le Colchique fleurît à l'approche de l'hiver et fructifiât au printemps ; comprenez-
vous maintenant la raison de ce long tube
souterrain au fond duquel l'ovaire se développe à l'abri des intempéries?

꙾

Nos riches pâturages de la Saône sont
couverts des fleurs du Colchique d'automne :
quelle brillante parure au lever du soleil,

alors que chaque périanthe scintille de
gouttes de rosée, que tintent les clochettes
des génisses, que le regain embaume l'atmosphère de ses douces senteurs ; je sais peu
de flâneries aussi ravissantes que celles des
derniers jours de vacances, loin du tumulte
des villes, dans ces prés fleuris que les bru-
mes vont bientôt envahir !

❧

La fleur du Colchique est si belle que les
horticulteurs s'en sont emparés; ils ont obtenu
par la culture de très belles variétés, blanches, rouges ou panachées ; l'une d'elles, la
plus recherchée, est à fleurs doubles ; le
tube monstrueusement élargi se termine par
un limbe lacinié du plus ravissant effet.

❧

N'avez-vous jamais été étonnés de trouver
ces fleurs en parfait état au milieu des troupeaux qui paissent au milieu d'elles ; pas une
bête n'y touche ; l'odeur nauséeuse qu'elles
exhalent avertit les animaux que sous ces brillantes couleurs se cache un subtil poison ;
tout entière, en effet, la plante est vénéneuse;
le bulbe surtout contient en grande quantité
la *Colchicine*, substance âcre et vireuse, dont
une petite quantité suffirait à déterminer des

accidents sérieux ; et cependant, quand ce
bulbe, par des lavages réitérés, a été privé de
son principe toxique, il n'est plus constitué
que par une masse féculente qui peut être
employée comme aliment.

Les préparations de Colchique sont un précieux médicament dans grand nombre de
maladies, surtout dans les affections rhuma-
tismales, et l'hydropisie ; sous quelque forme
que ce soit, elles ne doivent pas être aban-
données à des mains inexpérimentées.

Le *Colchicum autumnale* est la seule plante
qui représente chez nous la famille des *Col-
chicacées*.

Les champs de blé dépouillés depuis longtemps déja de leur récolte, portent chez nous
le nom d'*étoules ;* les étoules d'octobre sont
riches en fleurs tardives ; nul ne le sait mieux
que le chasseur d'alouettes, quand de mali-
gnes influences détournent le gibier de son
miroir ; ne sachant que faire, il regarde autour de lui ; pour peu qu'il soit botaniste, il
oublie bien vite sa mésaventure ; car la moindre fleurette lui fera prendre son temps en
patience.

Voulez-vous supposer pour un instant que
vous et moi soyons les infortunés auxquels je

fais allusion ; regardons donc autour de nous ;
dans dix minutes, nous aurons un petit herbier.

જ

Je n'ai qu'à étendre la main pour cueillir
la *Linaire bâtarde (Linaria spuria)*, la *Velvote* des paysans ; voyez-vous ses tiges couchées sur le sol, rameuses, flexueuses et
poilues ; ses feuilles alternes, oblongues-
suborbiculaires, mollement velues, d'un vert
blanchâtre ; au milieu de ce fouillis qui l'entoure, c'est sa fleur qui l'a décelée ; si petite
qu'elle soit, admirez la délicatesse de son
tissu et l'éclat de ses couleurs ; on dirait d'un
lambeau de velours jaune sur lequel une
capricieuse couturière aurait ajusté une petite
pièce de velours violet ; chacune d'elles tient
à un long pédicelle velu qui naît de l'aisselle
des feuilles. Mais je m'aperçois à temps que
notre Linaire appartient à la famille des
*Scrophulariées*, qui vous est encore inconnue ;
c'est donc une fleur à analyser.

જ

Le calice est à cinq sépales verts, ovales-
aigus ; la corolle est de celles que les anciens
appelaient *personée*, du latin *persona*, vu la
ressemblance plus ou moins éloignée avec un
mufle d'animal. Le limbe est en gueule à

lèvre supérieure bifide, à lèvre inférieure
trifide ; le tube, renflé au sommet, se prolonge
à la base en un éperon linéaire. Quatre étamines sont enfermées dans la corolle sur le
tube de laquelle elles s'insèrent ; le fruit est
une capsule à peu près globuleuse.

La Linaire bâtarde est d'une saveur fort
amère qui explique l'usage qui en a été fait
autrefois ; elle est abandonnée de nos jours.

ᘒᘓ

A moins d'un mètre de l'endroit où j'ai
arraché la Linaire bâtarde, j'aperçois la
*Linaire élatine (Linaria elatine)*, que les
habitants de la campagne appellent la *Velvote
vraie*, par opposition à l'espèce précédente,
qui serait la *Velvote fausse*. Vous la distinguerez à sa structure générale plus grêle, à
ses feuilles hastées, à ses pédicelles glabres,
à la tache de la corolle non plus d'un violet
foncé, mais d'un bleu violacé. Je ne sache pas
que la Linaire élatine ait été jamais employée
en médecine.

ᘒᘓ

Entre nos deux *velvotes*, toujours à portée
de la main, voyez ces jolies petites fleurs
purpurines ; elles appartiennent au *Lamier
embrassant (Lamium amplexicaule)* de la fa-

mille des *Labiées*. Les tiges sont grêles, diffuses, flexueuses ; les feuilles suborbiculai-
res-réniformes, pubescentes ; les supérieures
très-éloignées des inférieures. sont sessiles et
embrassent étroitement la tige. Le calice est
velu-hérissé ; la corolle, d'un rouge éclatant,
a sa lèvre supérieure très velue en dehors.
Cette jolie petite espèce fleurit toute l'année ;
je ne lui connais aucun usage.

C'est bien le cas de dire que les yeux doivent se reposer un peu pour apercevoir ce qui
les entoure ; le champ dans lequel nous sommes assis est littéralement envahi par une
plante à corolle d'un rose purpurin ; on croi-
rait à distance que la main de l'homme a
semé cette plante dans l'espoir d'une récolte ;
il n'en est rien cependant ; c'est naturellement que s'est faite la dissémination des
graines du *Galeopsis Ladane* (*Galeopsis Ladanum*), l'*Ortie rouge* de nos agriculteurs.
Certaines étymologies paraissent inexplica-
bles, témoin celle-ci : *Galeopsis* vient de
*galéè* belette, et *opsis* aspect. Malgré toute la
bonne volonté du monde, il est impossible de
reconnaître que notre plante ait la moindre
ressemblance avec l'animal en question.

Le *Galeopsis Ladanum* est une de nos
*Labiées* les plus communes ; la tige est dres-

29

sée, ronde, ordinairement très rameuse, à
rameaux étalés ; les feuilles pubescentes sont
oblongues-lancéolées, le plus souvent dentées, à nervures saillantes à la face inférieure. Le calice pubescent-soyeux est à cinq
dents spinescentes ; la corolle d'un rose purpurin, très rarement blanche, a la lèvre inférieure marquée d'une tache jaunâtre ; quatre
étamines, dont les deux inférieures plus longues, et quatre carpelles uni-ovulés complètent cette organisation.

Je suis bien loin, mes chers élèves, d'avoir
épuisé la petite Flore qui nous entoure dans
un rayon qui ne dépasse pas quelques mètres.
Voulez-vous revenir avec moi samedi prochain; si la nuit étoilée nous promet un beau
soleil matinal, nous continuerons notre herborisation autour du miroir.

## XX

Je termine aujourd'hui ce que j'ai à vous
dire sur les bractées, en vous expliquant certains arrangements particuliers, auxquels ont
été donnés des noms que vous devez connaître
pour comprendre le langage des livres descriptifs ; ces explications auront en outre l'a-
vantage de fixer votre attention sur les caractères généraux de quelques familles impor-
tantes.

ॐ

Examinez la fleur du *Fraisier* (*Fragaria
vesca*) : le calice est à cinq sépales, et cependant il vous apparaîtra composé de dix
pièces ; remarquez que cinq de ces pièces
sont disposées sur un plan plus extérieur ; ce

sont cinq bractées dont l'ensemble constitue
un *calicule*. Vous constaterez la même disposition dans toutes les espèces des genres
*Potentilla, Geum* et *Sibbaldia,* appartenant à
la famille des *Rosacées.*

Dans les genres *Malope, Malva, Lavatera,*
de la famille des *Malvacées,* vous trouverez
un calicule composé de trois bractées ; dans
le genre *Althœa,* le calicule est à 6-9 divisions.

Chez les œillets, et notamment dans
l'*Œillet barbu (Dianthus barbatus),* vulgairement appelé œillet de poète, vous constaterez
la présence d'un calicule constitué par six
bractées aiguës qui s'imbriquent à la manière
des tuiles d'un toit.

ৎত

On a donné le nom d'*involucre* à un autre
arrangement bractéal dont je vais vous donner des exemples.

Rappelez-vous le Liseron des haies ; les
deux grandes bractées qui s'insèrent non loin
de l'extrémité du pédoncule, sont un involucre.

Prenez une quelconque des espèces du
genre *Anémone :* à une distance plus ou
moins considérable de la base de la fleur,
vous trouverez un certain nombre de bractées disposées en involucre. La *Nigelle de Da-*

*mas (Nigella Damascena)* porte un très remarquable involucre à folioles pinnatifides.

ତ୍ର

Vous ne pourrez pas faire un pas hors de
ville sans rencontrer des pieds de la *Carotte
sauvage (Daucus carota)*, plante de la grande
famille des Ombellifères. Je vous ai déjà appris ce que c'est qu'une *ombelle*, ce que
c'est qu'une *ombellule ;* à la base de chacune
des ombelles de votre carotte, vous trouverez
un *involucre* formé de longues folioles à divisions linéaires ; à la base de chaque ombellule, vous trouverez un *involucelle*, composé
de plus petites folioles ; les folioles de l'involucre, comme celles de l'involucelle, sont des
bractées. La présence ou l'absence de ces organes, leur nombre, leur forme, sont de précieux caractères pour distinguer les nombreux genres de la famille des *Ombellifères*.

ତ୍ର

Vous souvenez-vous de l'étonnement que
vous avez éprouvé en apprenant que *la pré-
tendue fleur* de la Marguerite est une collec-
tion de fleurs implantées sur un support commun, et réunies dans une sorte de *calice
commun*, formé par une grande quantité de
pièces vertes imbriquées les unes sur les au-

tres ? Je vous ai déjà dit et je vous rappelle
que ces pièces sont des *bractées*, et que leur
ensemble constitue un *involucre*.

Toutes les plantes de la famille des *Synanthérées* et de la famille des *Dipsacées* sont
ainsi pourvues d'un certain nombre de bractées, connues sous le nom particulier d'*écailles*, qui jouent le rôle d'enveloppe protec-
trice, quand la *fleur collective* est à l'état de
bouton.

Ces explications vont vous faire comprendre la structure d'un légume que vous n'avez
peut-être jamais compris, au point de vue
botanique s'entend ; je veux parler de l'Artichaut.

Un *Artichaut* n'est pas autre chose que la
*fleur collective* du *Cynara scolymus* à l'état de
bouton. La portion charnue, celle que vous
mangez sous le nom de *fond d'artichaut,* est
le réceptacle commun sur lequel sont implantées toutes les fleurs. Chacune des feuilles
de l'Artichaut est une des bractées composant
l'involucre ; à la base de chacune de ces
bractées, à leur point d'insertion avec le
réceptacle, existe une petite quantité du tissu
charnu comestible. Quand, procédant de
l'extérieur à l'intérieur, vous avez épuisé

toutes les feuilles, vous arrivez à découvrir ce qu'avec votre cuisinière vous appelez le *foin* de l'Artichaut.

❦

Je parie que vous n'avez pas eu la curiosité de savoir ce que pouvait bien être ce foin importun qui nécessite un épluchage assez désagréable. Voulez-vous oublier un instant la nature comestible de votre Artichaut et étudier avec moi ce foin, jusqu'à ce jour l'objet de votre dédain ?

Vous distinguerez d'abord une multitude de petits corps cylindriques allongés, d'un violet pâle, blanchâtres supérieurement, et se terminant en forme de fuseaux. Chacun de ces petits cylindres est une fleur non encore épanouie ; je fais appel à vos souvenirs et je vous dis : Chacun de ces petits cylindres est un fleuron, le *Cynara scolymus* appartenant à la sous-famille des *Tubuliflores.*

❦

Poursuivons notre analyse : ces fleurs paraissent plongées dans une forêt de longs poils blancs ; avec un peu d'attention, vous ne tarderez pas à découvrir que chaque fleur est la légitime propriétaire d'une couronne de ces poils qui s'insèrent à sa base, au-dessus de

l'ovaire ; cette couronne de poils se nomme
une *aigrette ;* cette aigrette est le calice de la
fleur ; l'aigrette étant caduque dans la plante
que nous étudions, c'est délicatement qu'il
vous faut isoler avec une petite pince les organes que vous voudrez étudier ; armez-vous
aussi de votre loupe, et vous constaterez que
chacun de ces poils de l'aigrette est barbu à
la manière d'une plume d'oiseau, d'où le nom
d'*aigrette à soies plumeuses* que vous trouverez dans les ouvrages descriptifs.

Quand vous aurez dépouillé la surface du
réceptacle — le fond de l'Artichaut — de
toutes les fleurs accompagnées de leurs ai-
grettes, vous la trouverez encore tapissée d'un
épais amas de soies courtes qui servaient d'a-
bri aux ovaires que vous venez d'enlever ; les
botanistes disent que le réceptacle de l'Artichaut est *hérissé ;* quand vous aurez enlevé
ces petites soies, qui sont du reste fortement
adhérentes, vous aurez mis le réceptacle à nu,
et sur sa surface, vous verrez creusées autant
de petites alvéoles qu'il supportait de fleurons.

L'Artichaut que nous venons d'analyser
est, rappelez-vous-le, à l'état de bouton ; les

appareils floraux n'y sont qu'à l'état d'ébau-
ches ; il n'y a que des promesses de fleurs.
Permettez à ces promesses de devenir des
réalités ; vous verrez bientôt s'écarter les
écailles de l'involucre, et s'élancer au dehors
une prodigieuse quantité de fleurs d'un violet
magnifique, qui feront ressembler votre Artichaut à un énorme Chardon. Dans cet état,
rien ne vous sera plus facile que de vérifier,
par le menu, l'exactitude de la description
que je viens de vous faire.

೩ೞ

*Paulò minora canamus* : revenons à nos
humbles fleurs des champs, et mollement assis sur notre petit monticule de terre, que ta-
pissent les feuilles desséchées du maïs, con-
tinuons notre exploration des deux côtés de
la ficelle qui fait tourner l'engin fascina-
teur.

C'est encore une *Labiée* qui, la première,
s'offre à mes regards : l'*Epiaire annuelle
(Stachys annua)* est presque aussi commune
autour de nous que le *Galeopsis Ladane.* La
tige de cette jolie plante annuelle est rameuse dès la base, dressée, rude au toucher ;
les feuilles sont glabres, ovales-oblongues,
crénelées ou dentées, les supérieures souvent
entières, terminées en une courte pointe épi-

30

neuse. Les fleurs sont disposées par groupes
de deux à trois, en épis feuillés. Le calice est
velu, à dents linéaires que termine une épine
ciliée ; la corolle est d'un blanc sale, à lèvre
inférieure jaunâtre ; des points ou des raies
rougeâtres chargent la naissance de cette
lèvre.

*Stachys* vient du grec *Stachus*, qui veut
dire épi.

Tout à côté de l'Epiaire annuelle, ne voyez-
vous pas une plante qui paraît avoir avec elle
la plus grande ressemblance, que vous con-
fondriez peut-être avec elle, n'était sa fleur à
corolle rougeâtre ponctuée de pourpre ? C'est
en effet l'*Epiaire des Champs* (*Stachys arvensis*), presque aussi commune que la précédente.

Ces plantes sont sans usage.

✎

Nous n'en avons pas fini avec la famille des
*Labiées :* plus humble que les précédentes est
celle que je vois là à deux pas de vous. En
étendant la main, vous pouvez en recueillir
un échantillon : vous ne voyez rien ? vous
n'avez pas encore l'œil du botaniste ! mais
vous avez la main dessus : c'est une jeune
pousse de pin, me dites-vous ; non ! Cela y
ressemble un peu, mais voyez entre les feuil-

les linéaires ces petites fleurs jaunes mar-
quées de plusieurs points noirs. Allons, arra-
chez-la ; je vais faire cesser votre étonnement.

Nous avons là le *Bugle Petit-Pin (Ajuga
chamœpitys)*, vulgairement connu sous le
nom d'*Ivette ;* l'individu que vous avez sous
les yeux est si peu développé, qu'il ne possède
qu'un rameau unique; le plus souvent, vous
en trouverez un grand nombre disposés en
touffes ; la disposition des feuilles linéaires
aiguës qui entourent l'axe, vous a fait
prendre notre plante pour une jeune pousse
de Pin; le nom qui lui a été donné vous
prouve que vous n'avez pas été seuls à constater cette ressemblance. J'appelle de nouveau votre attention sur les petites fleurettes
qui sont cachées dans la masse des feuilles ;
la corolle est d'apparence *unilabiée;* la lèvre
supérieure est si courte qu'elle n'existe pour
ainsi dire pas ; c'est un caractère qui distingue le genre *Ajuga* et le genre *Teucrium* de
toutes les autres Labiées.

J'aurai terminé en vous faisant remarquer,
ce qui doit être déjà chose faite, si je ne me
trompe, que le *Bugle Petit-Pin* est visqueux
au toucher ; regardez à la loupe et vous constaterez que la sensation que vous éprouvez
est due à la présence d'une infinité de poils
glanduleux.

Cette plante a joui d'une telle réputation

comme vulnéraire, qu'un vieux dicton dit
d'elle :

> Avec la Bugle et la Sanicle,
> On fait au chirurgien la nique.

La rime n'est pas riche; le fond ne vaut
pas mieux.

Je vous parlais, il n'y a qu'un instant, du
genre *Teucrium ;* en voici un qui gît à nos
pieds; nous l'avons arraché en confectionnant
notre siége : c'est la *Germandrée Botrys*
(*Teucrium Botrys*), vulgairement Germandrée
femelle. Si l'on en croit les étymologistes, le
mot *Teucrium* viendrait de *Teucer*, frère
d'Ajax, qui aurait découvert les propriétés
médicales des Germandrées.

Vous distinguerez facilement le genre *Teucrium* du genre *Ajuga* au caractère suivant :
le tube de la corolle des *Ajuga* est muni in-
térieurement d'un anneau de poils qui n'existe
pas dans celui de la corolle des *Teucrium*.

Quant à notre plante, vous la distinguerez
des autres espèces du genre, à sa souche annuelle, à ses feuilles pinnatipartites, à ses
fleurs purpurines longuement pédicellées, à
son odeur sinon fétide, du moins fort désagréable.

La Germandrée femelle a passé pour fébri-
fuge ; c'est un médicament abandonné.

 જ૭

Nous reviendrions ici, huit jours de suite,
sans épuiser la liste des plantes qui nous entourent ; l'année s'avance, le temps fuit et
j'ai encore tant de choses à vous dire ; et puis,
il faut varier ; il faut, à tout prix, éviter cette
cruelle monotonie qui s'attache quand même
à toute œuvre descriptive. Samedi prochain,
je vous ferai faire connaissance avec la famille des *Graminées*.

# XXI

L'artichaut a été l'occasion de si longues explications, que je n'ai pu terminer l'étude des bractées ; je la reprends aujourd'hui.

L'époque est favorable pour ramasser dans nos bois les glands du chêne (*Quercus robur*) ; chacun de ces petits fruits repose sur une sorte de réceptacle auquel sa forme a fait donner le nom de *Cupule*. Cette cupule paraît formée d'une seule pièce ; si cependant vous l'examinez attentivement, vous ne tarderez pas à reconnaître qu'elle est constituée par l'agglomération de petites écailles soudées entre elles ; ces écailles sont des bractées.

Certaines espèces du genre *Quercus*, le *Quercus ægilops*, en particulier, possèdent une cupule dont toutes les bractées, libres à leurs extrémités, accusent nettement la nature foliaire de ces organes.

❧

La *cupule* du chêne n'est, en réalité, qu'un involucre dans lequel les bractées confluentes se soudent, durcissent et persistent dans le fruit.

Le fruit du Noisetier repose également dans une cupule dont les bractées affectent la forme foliacée.

Le fruit du Châtaignier, — qu'il ne faut pas confondre avec celui du Marronnier d'Inde, — est enfermé dans une cupule composée de bractées qui, réunies, forment une véritable boîte épineuse. Je vous apprendrai plus tard que la boîte épineuse du Marronnier d'Inde fait partie intégrante du fruit, et n'a, conséquemment, rien de commun avec les bractées.

❧

Ce sont encore des *bractées* que toutes ces écailles ligneuses qui forment les *cônes* de tous les arbres verts : Pins, Sapins, Mélèzes, etc.

C'est encore une bractée que cette grande enveloppe en forme de cornet qui protége l'appareil floral des plantes de la famille des *Aroïdées;* celle-ci a reçu le nom de *spathe.* Vous connaissez la ravissante spathe blanche de l'*Arum d'Ethiopie (Zantedeschia Æthiopica)*; cette belle plante, qui est l'objet d'un commerce fort lucratif, est originaire du cap de Bonne-Espérance.

Les fleurs de toutes nos espèces d'ail sont aussi renfermées dans une spathe.

C'est aussi une spathe qui protége la masse florale des palmiers, tandis que, dans certaines espèces, de petites *spathelles* accompagnent les fleurs individuellement considérées.

❧

Vous avez sans doute remarqué que je ne vous ai encore décrit aucune plante de la très vaste et très importante famille des *Graminées.* Les plantes qui la composent ont des fleurs si peu éclatantes, que vous êtes bien près de les mépriser. Que de fois j'ai entendu dire autour de moi : ce ne sont pas des fleurs, ce sont des *herbes.* Herbes, si vous le voulez, mes chers élèves ; mais notre département à lui seul possède près de cent cinquante espèces de ces herbes, qui toutes portent des fleurs, dont un grand nombre sont d'autant plus intéressantes qu'elles sont fort difficiles à étudier. Il nous faudra bien y

31

venir, et pour commencer, nous allons étudier les *bractées* des graminées, ce qui nous
servira grandement pour l'intelligence des
descriptions auxquelles je vous condamnerai
l'année prochaine.

ℰℭ

Prenez un épi de *Blé commun* (*Triticum
vulgare*); symétriquement rangés autour de
l'axe central, vous verrez 25 à 30 petits
groupes que vous isolerez facilement de
l'épi : chacun de ces groupes est un *épillet*.
Dans l'épillet jeune il y a quatre fleurs, deux
mâles et deux hermaphrodites ; les deux premières étant nécessairement stériles, l'épillet
mûr ne renfermera que deux fruits, deux
grains de blé, entre lesquels vous pourrez
retrouver les vestiges des fleurs stériles.
Quoi qu'il en soit de ces changements sur-
venus pendant les différentes périodes de
l'accroissement, vous constaterez que les
fleurs qui constituent l'épillet sont enchâs-
sées dans deux pièces latérales carénées-ai-
lées, à peu près égales entre elles, et qu'on
nomme les *glumes* : les glumes sont deux
bractées entre lesquelles naissent et se développent les fleurs de l'épillet.

ℰℭ

L'épillet parvenu à maturité est plus facile à étudier que l'épillet en fleur ; c'est
donc lui que je continue à vous analyser ;
plus tard, armés d'une loupe, d'une aiguille
emmanchée et d'une pince, vous disséquerez
facilement les éléments d'une graminée en
fleur.

Avec l'ongle, enlevez ces deux glumes latérales qui contiennent en une masse unique
les éléments de l'épillet ; dissociez ces éléments, et voyez quels ils sont. Deux corps
symétriques sont soudés à leur base et, entre les deux, vous trouverez les vestiges des
fleurs stériles. Prenez l'un quelconque de ces
deux corps, qui ne sont autre chose que les
deux fruits qui ont succédé aux deux fleurs
fertiles,vous trouverez le grain de blé enchâs-
sé dans deux demi-boîtes de forme très différente ; la première répond au dos du grain,
à sa surface convexe ; moulée sur lui, elle en
a la forme exacte ; dans la *variété estivale*,
elle est surmontée d'une arête qui peut atteindre jusqu'à 10 centimètres de longueur ;
la seconde répond à la face du grain qui est
parcourue par un sillon longitudinal ; elle
est bidentée au sommet, bicarènée, ce qui
lui donne la forme d'une petite barque.

Ces deux pièces sont deux bractées qu'on
nomme les *glumelles ;* la première est la
*glumelle inférieure*, la seconde la *glumelle
supérieure*.

Enfin, tout à fait à l'intérieur, à la base du fruit, à peine visibles, vu leur exiguité, vous trouverez, au prix d'un peu de patience, deux dernières petites bractées qui portent le nom de *glumellules*.

꙰

Je résume : Vingt-cinq à trente groupes floraux appelés *épillets* constituent l'épi du *Blé commun*. Chacun de ces épillets, qui sont *sessiles* sur l'axe ou *rachis*, est constitué par quatre fleurs : deux stériles, deux fertiles ; deux *glumes* protègent cet ensemble. Entre les fruits mûrs des fleurs fertiles, se voient les vestiges des fleurs stériles. Chaque fruit est protégé par deux *glumelles* de forme différente qui l'enchâssent exactement. Deux petites *glumellules* ovales-oblongues, ciliées au sommet, immédiatement appliquées contre la base du grain, complètent cette organisation.

꙰

Généralisons : Toutes les graminées ont leurs fleurs disposées ainsi en épillets ; dans le Blé, l'Orge, le Seigle, l'Ivraie, les épillets sont *sessiles* sur le *rachis ;* dans le Brôme, la Fétuque, ils sont plus ou moins longuement *pédicellés ;* selon que les épillets sont disposés de telle ou telle façon sur le rachis, l'épi affecte telle ou telle forme ; rien de variable comme les différents aspects sous lesquels peuvent se présenter les épis des graminées.

Un épillet ne contient parfois qu'une seule fleur ; d'autres fois, il peut en contenir jusqu'à neuf ; dans tous les cas, deux *glumes* contiennent les éléments des épillets ; il est fort rare que les glumes avortent.

Chaque fleur est protégée par deux *glumelles* dont l'extérieure est insérée plus bas que l'autre ; il est aussi fort rare que les glumelles avortent.

Chaque fleur est encore protégée par deux, quelquefois trois *glumellules* ; ces pièces qui ne sont que de fort petites écailles placées à la base des organes floraux, avortent au contraire dans un grand nombre d'espèces.

☙

Les botanistes ont donné à toutes ces bractées des noms différents qui portent une grande confusion dans l'esprit des commençants ; je ne vous les indiquerais pas, si vous ne deviez les trouver à chaque page des livres descriptifs : la glume a été appelée *lépicène* ; les glumelles ont reçu les noms de *paillettes*, de *balles* ; les glumellules ceux de *squamules*, de *lodicules* ; oubliez bien vite toutes ces inutilités, pour ne vous rappeler que trois mots

bien faciles à retenir : *glume, glumelle, glumellule.*

Ce n'est pas à cette place que je veux étudier avec vous quelle est la nature de ces
différentes pièces ; nous y reviendrons plus
tard ; qu'il vous suffise de savoir aujourd'hui
que les auteurs discutent encore la question ;
l'opinion qui semble prévaloir, serait que,
seules, les deux glumes seraient de véritables
bractées ; les glumelles constitueraient le
calice et les glumellules la corolle. Si un jour
nous étudions en détail les enveloppes florales, je compléterai vos connaissances sur
ce point intéressant de la morphologie végétale.

❧

Vous devez maintenant comprendre, mes
chers élèves, que je ne pouvais pas songer à
vous décrire quelque graminée que ce soit,
avant de vous avoir initié à la structure générale des fleurs de cette famille. Cela fait, nous
pouvons nous entendre, et pour ne pas m'exposer plus tard à des répétitions inutiles, j'en
finis aujourd'hui avec le Blé.

L'espèce la plus généralement cultivée dans
nos pays est celle qui nous a servi tout à
l'heure d'exemple, le *Froment commun (Triticum vulgare).* Je ne vous décrirai pas longuement cette plante si précieuse pour l'ali-

mentation. Sa tige simple, fistuleuse, porte
le nom de *chaume* et produit la *paille,* dont
vous connaissez les usages. Dans notre Côte-
d'Or, on cultive deux variétés du *Triticum
vulgare :* la variété d'hiver (*Hybernum*), la
variété d'été (*Æstivum*).

La seconde connue encore sous le nom de
*Blé de Carême* est beaucoup moins usitée ;
elle donne un grain plus petit, fournit plus
de son à la mouture et produit une farine
beaucoup moins belle ; elle est encore précieuse cependant pour la seconde saison, ou
lorsque des intempéries exceptionnelles ont
compromis les récoltes du Blé d'hiver. Vous
reconnaîtrez ce dernier à l'absence de la longue arête qui termine la glumelle inférieure
de la variété estivale.

⚬

Dans les terrains humides, on cultive quelquefois le *Triticum turgidum* (*Blé poulard* ou
*pétanielle*). Il a une grande ressemblance avec
le Froment commun ; il s'en distingue cependant par son épi plus épais, par ses glumes plus longues et pourvues d'une carêne
plus aiguë qui se prolonge jusqu'à la base. Le
*Triticum compositum* (*Blé de miracle*), n'est
qu'une variété de cette espèce, dans laquelle
l'épi est devenu rameux par le développement

de quelques épillets qui se transforment ainsi
en véritables épis.

⊲⊳

Dans les mêmes terrains, nos agriculteurs
cultivent encore le *Blé dur* (*Triticum durum*),
connu, aussi sous les noms de *Blé barbu*,
*Froment de Barbarie;* les épis et le grain
sont fort gros, mais en revanche le son est
abondant à la mouture ; cette espèce se distingue de la précédente par ses longues glumes fortement carènées, par sa glumelle inférieure à arête fort longue, par son grain
très dur à cassure cornée.

Deux dernières espèces sont encore excep-
tionnellement cultivées dans nos contrées ;
ce sont le *Triticum monococcum* (*Engrain*,
*Blé locular*), et le *Triticum spelta* (*Epeautre*).

Ces deux espèces se séparent de toutes les
précédentes par l'adhérence des glumelles au
grain : celui-ci au lieu d'être nu, est *enveloppé*.
La première espèce n'a qu'une seule fleur fer-
tile sur les trois que renferme son épillet ; la
seconde a toutes ses fleurs fertiles ; la première espèce a un épi serré, la seconde un
épi lâche. Toutes deux rendent de véritables
services aux populations qui habitent les montagnes froides du Châtillonnais.

Je ne vous cite que pour mémoire le *Blé
de Pologne* (*Triticum polonicum*), que vous ne
rencontrerez pas souvent, et que vous recon-

naîtrez à ses glumes très longues, fortement
striées et bidentées.

❧

Quelle est la patrie originaire du Froment ?
Nous ne savons rien encore de parfaitement
certain à cet égard : ce qu'il y a de positif,
c'est que la culture de cette précieuse graminée remonte à l'origine même de l'agricul-
ture. Il est prouvé par les documents les plus
irrécusables, que 2822 ans avant Jésus Christ,
les Chinois cultivaient le Froment. Les livres
saints d'un côté, les traditions païennes d'un
autre, semblent établir qu'à cette même date
le Blé était aussi connu en Occident.

Ce sont les vastes montagnes de l'Asie centrale qui paraissent être la patrie du Froment.
S'il est très difficile de déterminer quelles
sont exactement les contrées dans lesquelles
il croît spontanément, c'est que précisément
on ne le rencontre plus aujourd'hui à l'état
sauvage ; c'est que, du moins, toute trouvaille
de cette nature doit, jusqu'à preuve contraire,
être considérée comme suspecte.

En 1854, le botaniste Balansa a affirmé
avoir trouvé le Blé dans une herborisation au
mont Sipyle, en Asie Mineure, et cela « dans
» des circonstances où il était impossible de
» ne pas le croire spontané. »

❧

32

Nous avons encore beaucoup à apprendre sur le Froment ; je vous renvoie à l'année prochaine pour vous faire l'*histoire d'un grain de Blé ;* l'étude du *fruit* et de la *graine* nous servira d'occasion. On ne dira plus alors des Dijonnais, ce qu'on peut encore dire de beaucoup de gens fort instruits du reste, et habitant tous les pays du monde : *Ils ne savent pas même comment vient au monde le pain dont ils se nourrissent.*

## XXII

Vous savez depuis longtemps que les végétaux se divisent en deux grands groupes, et
qu'à côté des végétaux *Phanérogames* ou *Cotylédonés*, il existe des végétaux *Cryptogames*
ou *Acotylédonés*; les premiers portent encore
le nom de *Végétaux supérieurs*, les derniers
celui de *Végétaux inférieurs*. Jusqu'à aujour-
d'hui, les premiers seuls ont été l'objet de
nos études; je veux consacrer cette dernière
causerie aux végétaux cryptogames.

༄

Les espèces qui constituent ce groupe frap-
pent en général beaucoup moins les regards, et
tiennent dans le monde visible une bien moins

grande place que celles du groupe des Phanérogames ; elles sont cependant au moins
aussi nombreuses.

La structure anatomique de ces végétaux
varie à ce point, que les plus simples d'entre
eux se composent d'une cellule unique, comme
certaines *algues*, certains *champignons*, tandis
que les plus compliqués possèdent bien formés tous les organes végétatifs, racines, tiges
et feuilles, avec toutes les modifications cellulaires imaginables ; ainsi sont les *Fougères*,
les *Prêles*, les *Lycopodes*, etc.

လ

Rien n'est plus variable que les proportions
qu'affectent les Cryptogames ; il est des algues
qu'il faut voir au microscope ; il en est d'autres, habitant les mers australes, qui mesurent plusieurs centaines de mètres de longueur.

Chez les Cryptogames, il n'y a plus de
fleurs ; les étamines, les carpelles, manquent
aussi complètement que les enveloppes florales ; la reproduction se fait au moyen d'organes tout autrement conformés. Le corps
reproducteur n'est plus une *graine* avec tous
ses éléments si divers, mais une *spore* réduite
souvent à une simple cellule.

လ

Deux grandes divisions sont acceptées par tous les auteurs pour classer les Crypto-games ; ils sont *amphigènes* ou *acrogènes*.

Les *amphigènes* sont constitués par une masse unique, sans axe, sans appendices ; en d'autres termes, ils sont dépourvus de racine, de tige, de feuilles ; cette formation com-mune prend le nom de *Thalle ;* elle s'accroît indifféremment par toute sa périphérie.

Les amphigènes sont uniquement compo-sés de tissu cellulaire ; les *vaisseaux* font totalement défaut.

La spore des amphigènes est un embryon nu, dépourvu de tout tégument. Tels sont les *Champignons*, les *Lychens*, les *Algues*.

᮫

Les *acrogènes* sont au contraire pourvus d'un axe et de ses appendices ; ils ont une tige et des feuilles ; ils s'accroissent par leur sommet.

Les *vaisseaux* comme les cellules entrent dans leur composition anatomique.

La spore, qui porte le nom particulier de *séminule*, est pourvue d'une membrane tégu-mentaire.

Ainsi sont les *Mousses*, les *Fougères*, les *Préles*, etc.

En raison de leur constitution anatomique, les amphigènes sont encore appelés *acotylé-*

*donés cellulaires*, les acrogènes, *acotylédonés vasculaires.*

Je me borne à ces notions élémentaires, qui, toutes brèves qu'elles soient, me permettront de vous parler des quelques familles Cryptogames décrites dans la plupart des flores que vous avez entre les mains, et en particulier de l'intéressante famille des *Fougères.*

⁊ⱷ

Sous notre climat tempéré, les Fougères sont des plantes vivaces à tige souterraine (rhizôme) courte ou traçante. Les feuilles, qui portent le nom de *frondes*, sont éparses sur le rhizôme, ou naissent à son sommet ; elles sont ordinairement enroulées en crosse avant leur développement complet, pendant la *préfoliaison*, pour me servir de l'expression scientifique. Les spores sont groupées en des masses plus ou moins volumineuses de formes variées qui portent le nom de *sporanges*, et qui naissent, le plus souvent, sur les nervures, à la face inférieure des feuilles. Ces sporanges sont soit pédicellés, soit sessiles, s'ouvrant avec ou sans régularité, munis ou non d'un anneau élastique articulé, protégés ou non par un prolongement de l'épiderme de la feuille qui porte le nom d'*indusium*. Les spo-

res sont très nombreuses dans chaque spo-
range, et libres entre elles.

❦

La Côte-d'Or possède vingt à vingt-cinq
*espèces* de Fougères réparties en un certain
nombre de *genres*. Quelques-unes fructifiant
toute l'année, elles sont pour nous une précieuse ressource à cette époque où la végétation entrant dans la période de repos, nous
offre de rares spécimens pour l'étude ; c'est
ce qui m'a déterminé à vous faire faire plus
ample connaissance avec elles.

❦

Il est une petite Fougère qui croît sur tous
nos vieux murs ; vous la trouverez en abondance sur ceux des remparts de la ville, et notamment à la descente du rempart Tivoli près
la porte Saint-Pierre. Je la nomme de suite ;
c'est la *Doradille rue des murailles (Asplc-
nium ruta-muraria)* ; étudions la maintenant
en détail.

Son rhizôme fort court est d'ordinaire fortement serré entre les deux pierres qui lui
servent d'asile : de ce rhizôme partent un
grand nombre de fibres racineuses, qui se
nourrissent dans un mortier que le temps a
modifié et additionné de détritus de diverses
natures.

Les feuilles (*frondes*) sont nombreuses, touffues, ne dépassent pas 10 à 15 centimètres de longueur ; le pétiole est vert, au moins aussi long que la partie de l'axe qui porte les segments ; ceux-ci sont peu nombreux, obovales ou cuneiformes, entiers ou crénelés. Les *sporanges* se montrent d'abord à la face inférieure des segments sous la forme de deux ou trois lignes blanchâtres ; bientôt l'*indusium* se déchire, et alors apparaissent les spores d'un brun-roux, tellement confluentes, qu'elles couvrent une grande portion de la surface totale de la feuille ; l'indusium est à bords laciniés.

໕ఌ

Le nom de *Rue des murailles* a été donné à cette fougère, parce que son feuillage a quelque ressemblance avec celui des plantes du genre *Ruta*, de la famille des *Rutacées*. On l'a aussi appelée *Sauve-vie,* à l'époque où on la considérait comme une sorte de panacée contre un grand nombre de maladies. La vérité est que la Rue des murailles, qui partage encore le nom de *Capillaire* avec plusieurs autres espèces du genre *Asplenium*, est un médicament à peu près généralement abandonné et à juste raison, son action étant pour ainsi dire insignifiante. Quelques médecins se servent encore du sirop de capillaire pour sucrer des tisanes sur lesquelles ils fondent beaucoup moins d'espérance que sur l'excellent effet moral produit par la conviction qu'ont les malades de leur efficacité.

Vous trouverez encore l'*Asplenium ruta-muraria* dans les fentes des rochers et sur les parois intérieures des puits. Cette plante résiste aux plus grands froids : pendant tout l'hiver, elle conserve sa verte frondaison, qu'elle ne perd qu'au printemps, époque de son renouvellement. Les sporanges paraissent dès le mois de juin.

Dans la plupart des endroits où croît la Rue des murailles, croît à côté d'elle la *Doradille Trichomane (Asplenium trichomanes)*. Vous la distinguerez facilement à son *rachis* d'un pourpre noirâtre, luisant, convexe sur le dos, plan à la face interne, bordé sur les angles d'une aile étroite, finement crénelée.

Les segments de ses frondes sont ovales-arrondis, tronqués à la base, finement crénelés ; ils naissent presque dès la base du rachis. Les groupes de sporanges sont linéaires et disposés sur deux rangs.

Ce sont les anciens qui ont donné à cette Doradille le nom de *Trichomane*, qui signifie: *cheveux qui durent ;* ils lui croyaient la pro-

33

priété de faire croître les cheveux et de les rendre plus touffus. C'est en mai que paraissent les sporanges qui disparaissent à la fin de septembre.

꒳ꙮ

Un peu moins commune est la *Doradille noire*, *Capillaire noire* (*Asplenium adianthum-nigrum*). Vous la rencontrerez encore dans les rares puits qui restent à Dijon, et sur les rochers granitiques humides du Semurois et du Morvan. C'est cette espèce qui est la vraie *Capillaire* des pharmaciens ; elle n'est malheureusement pas plus efficace que les autres contre les affections des voies respiratoires.

Vous la distinguerez à ses frondes plus longues bi-tripinnatiséquées, d'un vert noirâtre et comme vernissées en dessus, d'un gris cendré en dessous, à son pétiole noir et luisant dans sa portion inférieure, à ses segments lancéolés-aigus, à son indusium à bords entiers.

꒳ꙮ

Rare encore est la *Doradille de Haller* (*Asplenium Halleri*). Ses frondes d'un vert gai, portent de tout petits segments ovales dans

leur pourtour, pennatilobés à dents spinu -
leuses ; les sporanges sont en paquets arron-
dis, souvent solitaires sur chaque segment ;
l'indusium est entier : cette plante est fine
et délicate dans toutes ses parties ; Duret et
Lorey la signalent à Meuilley, à Arcenant, à
Bouilland, à Messigny, à Nuits-sous-Beaune
dans les biefs des moulins. C'est pendant l'été
que se développent les groupes de sporanges.

❧

Plus rare est la *Doradille septentrionale
(Asplenium septentrionale)*, dont la physionomie générale ne ressemble en rien à celle des
espèces précédentes. Vous la reconnaîtrez
immédiatement à ses segments qui ne sont
qu'au nombre de deux ou trois, linéaires allongés au sommet de chaque pétiole, et que
recouvre complétement la masse des sporanges, de juin à septembre.

Cette plante, qui affectionne les terrains
granitiques, ne se trouve qu'à Semur, Saulieu, Laroche-en-Brenil, Arnay, Nolay, etc.

❧

Toutes nos Doradilles vous seront connues,
quand je vous aurai décrit la *Doradille Fou-*

*gère-Femelle* (*Asplenium Filix-fœmina*). Cette
espèce, commune dans nos bois humides et
marécageux, se distingue de toutes les précédentes par l'amplitude de ses frondes élégantes, qui ne mesurent pas moins de 5 à 10
décimètres de longueur ; elles sont d'un vert
gai, longuement pétiolées, finement bi-pin-
natiséquées à segments lancéolés-acuminés,
eux-mêmes pinnatiséqués, à lobes secondaires finement dentés : c'est à ces découpures
multiples que cette remarquable Fougère
doit l'élégance qui la fait admirer.

Les groupes de sporanges sont arrondis-
oblongs, disposés sur deux rangs parallèles à
la nervure moyenne ; le bord de l'indusium
est lacinié.

La *Fougère-femelle* est âpre au goût ; elle
contient une énorme quantité de potasse ;
aussi la brûle t-on pour faire des cendres
dont on se sert pour la fabrication du verre
ou pour l'amendement des terres. Ses propriétés vermifuges sont fort hypothétiques.

ॐ

Voici venir l'hiver, mes chers élèves, avec
son sombre cortége de brouillards, de neiges,
de rhumes et de rhumatismes. Nos promenades sont donc terminées. Vous avez eu du
courage, si vous m'avez suivi jusqu'au bout ;

à vous de me dire si j'ai réussi à rendre pra-
ticable le chemin dans lequel je vous ai en-
gagé.

Si vous me donnez cette assurance, j'aurai
la récompense que j'ambitionne; mon éditeur saura bien me dire si je dois recommen-
cer l'année prochaine.

# TABLE

## DES NOMS FRANÇAIS

### A

34

# M

## R

## V

## X

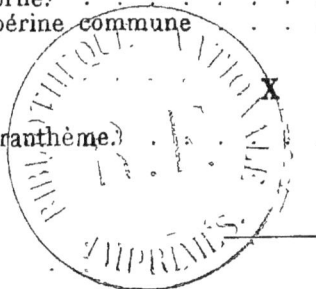

# TABLE

## DES NOMS LATINS

---

### A

### B

### C

## E

## F

## G

## H

## I

# T

# U

# V

# Z

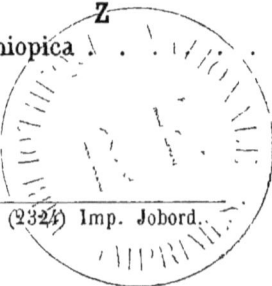

(2324) Imp. Jobord.

# DU MÊME AUTEUR

DES PHÉNOMÈNES DE LA VIE CHEZ LES VÉGÉTAUX : NUTRITION.

Petit in-12 . . . . . . . . . . . 25 centimes.

DES PHÉNOMÈNES DE LA VIE CHEZ LES VÉGÉTAUX : REPRODUCTION.

Petit in-12 . . . . . . . . . . . 25 centimes.

## A LA MÊME LIBRAIRIE

D<sup>r</sup> MARCHANT : FLORE MYTHOLOGIQUE . . 3 f. »

D<sup>r</sup> MARCHANT : CATALOGUE DES OISEAUX DE LA CÔTE-D'OR . . . . . . . . . . . 2 f. »

D<sup>r</sup> MARCHANT : DE LA CULTURE DE LA VIGNE ET DES ARBRES FRUITIERS CHEZ LES ROMAINS. . 1 f. 50

www.ingramcontent.com/pod-product-compliance
Lightning Source LLC
Chambersburg PA
CBHW070236200326
41518CB00010B/1591